KB234149

우리나라 최초의 쇄빙선
북극 척치 해를 가다

우리나라 최초의 쇄빙선

북극 척치 해를 가다

장순근 지음

지성사

차례

프롤로그 • 5

감사하는 글 • 7

PART 1 | 인천에서 부산을 거쳐 알라스카 놈까지 • 8

PART 2 | 놈과 그 주변은 • 68

PART 3 | 놈에서 북극 척치 해를 거쳐 다시 놈까지 • 104

PART 4 | 부산으로 돌아오는 길은 • 248

에필로그_ 항해를 돌아보며 • 286

참고문헌 • 292

부록 • 293

우리나라가 최초로 만든 쇄빙선(碎氷船, 얼음을 깨면서 항해하는 배)은 2009년 말부터 2010년 초까지 남극에서 쇄빙 능력을 시험하며 2014년에 완공될 남극대륙 기지 후보지를 답사하고 돌아왔다. 그 결과를 바탕으로 동남극 빅토리아랜드 Victoria Land의 테라노바베이 Terra Nova Bay에 장보고 기지를 세울 자리가 확정되었다. 이러한 사실은 이미 방송과 신문에 여러 차례 보도되어 누구나 한두 번은 들은 적이 있을 것이다.

그 쇄빙선이 2010년 7월 초부터 8월 말까지 처음으로 북극 척치 해 Chukchi Sea를 조사한다는 것을 알았을 때, 그 배를 타고 우리나라를 떠나는 날부터 다시 돌아올 때까지 보고 들을 수 있는 모든 일들을 기록으로 남겨야겠다는 생각이 들었다. 과거에는 이러한 항해기가 꽤 흔했다. 한 예로 찰스 다윈이 진화에 관한 증거를 수집한 것도 비글 Beagle호라는 영국 전함을 타고 남아메리카를 비롯해 전 세계를 항해했기 때문에 가능한 일이었다.

항해기는 우리가 잘 알다시피 연구 자체는 아니지만 '연구를 위한 항해의 기록'이라는 점에서 연구와는 또 다른 가치가 있다. 다행스럽게도 극지연구소는 항해기를 쓰고 싶다는 내 계획을 받아들였다.

이 항해기의 목적은, 쇄빙선이 만들어진 후 처음으로 북극 척치 해를 항해하며 우리나라를 출발해서 다시 돌아올 때까지 있었던 기록을 남기려 함이다. 이런 크고 작은 기록이 모여서 작게는 배 한 척, 크게는 우리나라 극지연구의 역사가 되리라 굳게 믿는다.

한국해양연구원 부설 극지연구소
명예연구위원 장순근 먼저 이 항해기가 책으로 엮여 세상에 나올 수 있도록 해준 한국해양연구원(강정극 원장) 부설 극지연구소(이홍금 소장)의 인프라 운영부(김동엽 부장) 쇄빙선 운영팀(이찬우 팀장)에 깊은 감사를 드린다. 더불어 김현율 선장을 포함한 승조원 여러분, 승선연구와 육상연구에 참가한 연구원들, 헬리콥터 조종사와 정비사, 빙해항해사와 빙해선장, 북극곰 감시인을 포함한 관련 외국인들에게도 고마움을 전하며, 알라스카 놈에서 선교하는 이열 목사에게도 감사의 말을 전한다.

나아가 보고서에 필요한 여러 가지를 도와준 극지연구소 권현정 씨에게도 감사드린다. 끝으로 이 책을 만든 지성사 여러분에게 깊이 감사한다.

하늘 꼭대기에는 구름에 가려진 해가 나면서
눈이 부셔. 해가 나면서 그림자가 생기고
공기도 따뜻해지고 보이는 것은 바다 −
구름 − 수평선 − 물결

글자 그대로 망망대해 – 수평선 – 몇 겹으로 낮게 드리운
회색의 구름 – 잔물결 – 뱃전 가까이 흰 거품과 파도 –
가끔 보이는 이름 모를 새

배가 지나간 길을 따라 뒤집어진 물과 하얀 거품 –
배가 간다는 증거 – 아무도 없어 – 배도 사람도 없고
큰 동물도 없고 섬도 없고 나무도 없어 –
시끄러운 기관음 – 수평선 너머 오른쪽으로 가면 일본이고
북쪽으로 가면 러시아

인천에서 부산을 거쳐
알라스카 놈까지

PART 1

7월 1일 목요일

　오후 5시 직전, "방선 중인 분들은 하선하십시오"라는 방송이 나왔고 이홍금 소장을 비롯하여 연구소에서 온 사람들이 서둘러 배에서 내렸다. 이어서 배를 부두에 묶어두었던 로프를 풀자 배는 서서히 부두에서 멀어졌다. 그 모습을 지켜보며 "사람도 없고 꽃다발도 없다"는 중국 여자 생물학자의 말에 "몇 사람이 떠나는데 사람이 나오고 꽃다발이 있겠느냐"고 웃으면서 말했다. 배는 멀어지다가 다시 가까이 왔다가 또다시 멀어지기를 반복했다.

　이윽고 배가 조금 멀어지자 부두에 있던 사람들이 한꺼번에 배 가까이 다가왔다. 배가 떠나는 것이 확실하니 좀 더 가까운 곳에서 이별하고 싶은 마음 때문일 것이다. 부지런히 손을 흔드는 동안 배는 점점 멀어졌고, 목소리가 들리지 않을 정도가 되자 이제는 정말 끝이라는 생각에 뱃전을 떠났다. 배는 우현에 붙은 2척의, 못생겼지만 아주 강해

보이는 예인선에 이끌려 부두에서 떨어졌다.

배에는 중국학자 3명을 포함하여 연구원 12명에 지원 인력 5명과 선원 25명이 타고 있다. 지원 인력에는 얼음항해 전문가인 2명의 러시아 사람과 임시 요리사 3명이 포함되어 있다. 얼음 전문가 중 한 사람은 러시아 사람답게 통통한 몸집이지만 다른 사람은 깡마른 체구이고, 두 사람 모두 머리카락이 흰 것으로 보아 나이가 상당히 들어 보였다.

식당 입구 앞에 붙은 게시판에는 '7월 안전당번', '청소구역', '당직근무표'에 '환경보호선언문'과 같은 문구가 적혀 있었는데 이런 것들을 보니 확실히 배를 탔다는 것이 실감났다. '페트병 버릴 땐 무게를 최대한 적게-쓰레기 처리 비용!! 줄여보아요'라는 말도 땅에서는 볼 수 없는 광고문이다.

이 밖에도 몇 장의 A4 용지가 붙어 있었는데, 그 내용을 대충 훑어보니 건대추, 건포도, 생강포, 깐 은행을 포함한 325가지 식품과 기호품을 무려 5,448만 원어치를 샀다! 말린 해삼은 1kg에 11만 8,000원, 켄터키 프라이드치킨은 1kg짜리 10마리에 12만 원, 400g짜리 골뱅이 통조림 24캔에 15만 9,000원, 냉동 조기 5kg에 15만 6,000원, 850g 달팽이 통조림 12캔에 8만 4,000원이다. 사람이 많고 오랜 시간 배 위에 있어야 하니 많이도 사야 했을 것이다.

저녁식사로 큼직한 메로 구이가 나왔다. 메로는 남빙양 심해에서만 잡히는, 기름기가 많기는 하지만 아주 맛있는 고급 생선이다. 아무리 이 배가 남극과 북극의 얼음을 깨는 쇄빙선이라지만, 이 배에서 남극의 메로 구이를 먹을 줄이야!

저녁식사 후 최종범 일등항해사가 승선자 안내를 설명하면서 구명복 입는 방법을 알려주었는데, 시범은 짧고 설명이 대부분을 차지했다. 그의 말로는, 알라스카 놈^{Nome}에서 선의船醫가 탈 예정이며, 술을 마시는 곳은 선실이 아닌 식당이다. 배에서 한 끼를 먹는 것은 무료지만 두 끼니를 먹으면 하루 식비를 내야 한단다. 그런대로 이해할 만하지만 야식의 경우는 도통 이해할 수 없었다. 밤 10시부터 30분간 준비되는 야식은 야근을 하는 경우에만 해당된다. 그것도 요리사가 준비하는 게 아니고 먹는 사람이 알아서 찾아 먹어야 한다. 그러므로 특별한 경우를 빼고는 현재 배를 탄 연구원 12명은 야식을 먹을 자격이 없다. 그런데도 야식비를 내야 한다니, 좀체 납득하기 어려웠다.

생활 일반 안내의 하나로, 미국으로 들어가기 위해서는 유제품 포장지는 일일이 속을 씻어낸 다음 버려야 한다고 설명했다. 그렇지 않으면 미국 출입금지를 당할 수도 있단다. 상상컨대, 유제품에 박테리아가 서식하기 좋으니 미리 예방한다는 생각이겠지만, 그다지 손에 익지 않은 방식이다. 승객들이야 그런 일이 거의 없겠지만, 만약 고기 통조림을 먹으면 그 통의 속도 씻어내야 한다. 먹고 난 유제품이나 통조림의 포장용기 속을 씻어낸다는 것은, 우리의 일상생활에 비추면 다소 생소한 풍경이다. 과연 그렇게 잘 할 수 있을까?

‘내일은 전국에 장맛비가 내릴 것’이라는 예보가 있었고, 시간이 가면서 ‘신호가 약하거나 없다’는 자막이 나오고 TV 방송파가 제대로 잡히지 않았다. 거리, 지형, 전파의 세기, 수신기 같은 여러 요소로 인한 결과일 것이다.

7월 2일 금요일

새벽 3시 반쯤 잠에서 깼는데, 눈을 감고 몸을 움직이지 않는 가수 假睡는 수면 효과가 상당하다는 말이 생각나 다시 잠을 청했다. 그러고는 5시 10분쯤 일어나 아무도 없는 체육관에서 시속 6km로 약 30분을 걸었다. 더 걸을 수도 있었지만 배에서 내리면 그렇게 오래 운동하지는 못할 것 같아 평소대로 30분만 걸었다. 실내가 시원해서인지 땀이 많이 나지 않았다. 게다가 저울도 고장 난 것 같아 체중을 재지 않았다.

아침 7시 36분쯤 되자, 안개 자욱한 배는 북위 35° 14′, 동경 125° 40′, 군산 남서쪽을 시속 11.3노트의 속도로 내려갔다. 바닷물은 수온 23.6℃로 따뜻하고 염분은 32.2‰(퍼밀)로 높지 않았다.

"여기 해군입니다"라는 무선 교신음으로 보아, 눈에 보이지는 않아도 부근에 해군이 있다는 것을 짐작할 수 있었다. 선교에 올라가 만난 김현율 선장의 말로는 내일 오전, 부산에 도착하여 오후 1시경에 출발

한단다.

　선실을 나와 바깥으로 나가는 문을 지나 배의 현측에서 물끄러미 파도와 물결을 바라보다가 반대쪽 현측으로 갔다. 그러고는 계단을 내려와 주갑판 2회의실에 들어갔다가 다시 맞은편 식당으로 들어갔다. 1층 체육관을 힐끔 기웃거리다가 올라와 배 뒤 갑판 쪽으로 나갔다. 그렇게 이리저리 배 위를 방황하다 끝내 방으로 들어왔다. 배에는 마음 편히 쉴 공간이 없어 정말이지 갈 데가 없다.

　배는 단조로운 기관음을 내며 잘도 나아갔다. 날씨가 흐리지 않다면 전라남도 남서쪽의 아름다운 섬들이 보였을 텐데, 좋은 구경거리를 놓쳤다. 이처럼 항해는 날씨에 따르는 운이 중요하다.

　오후가 되자 차츰 안개가 걷히면서 시야가 맑아지며 바다에 띄워놓은 부표들이 보이기 시작했다. 이상범 조리장이 내일 토요일 점심 메뉴는 냉면이라며 외국인들이 먹을 수 있는지 물었다. 조리장은 외국인들의 식성에 각별한 관심을 가졌는데, 그도 그럴 것이 지난번 남극 항해에서 러시아 사람들이 제대로 먹지 못해 체중이 줄었다는 말을 들었기 때문이다. 러시아에서 벼는 재배되지 않을 터이니 우리가 잘 먹는 쌀밥은 그들이 먹지 못할 것이다. 식빵 역시 미국식의 하얗고 두께가 얇은 빵이 아닌 러시아식 검은 덩어리 빵과는 다를 것이다. 외국인의 식성을 살펴보니, 러시아 사람의 경우 일본식 스시는 먹지 않지만 연어나 참치를 먹고, 중국 사람 역시 연어나 참치 같은 생선을 먹는다(연어나 참치회는 세계의 음식이 되었다!). 배에서 나오는 연어는 러시아 사람의 말과는 달리 러시아산 연어가 아니라 노르웨이나 칠레산 연어일 것이다. 어쨌든 러시아 사람들은 냉면이 무언지는 알지 못해도 먹겠다는 의사를 표시했고, 다행히 중국 사람들은 먹어본 적이 있단다. 조리장은 러시아 사람들에게 덜 매운 냉면을 만들어주겠다고 했는데 내심 기대가 됐다.

오늘 새벽부터였는지 자세히 알 수 없지만 휴대전화 배터리가 너무 빨리 닳아 서너 시간을 넘기지 못한 데다 문자도 송신되지 않았다. 내가 무엇을 잘못 눌러서 그런지도 모르겠지만, 휴대전화 사용법을 잘 몰라 도통 해결 방법을 찾을 수가 없었다(나중에 배에 있는 전자 기술자에게 물으니 휴대전화에 큰 이상은 없다고 했다). 저녁을 먹기 전에는 인터넷도 되지 않았다. 저녁을 먹으면서 사람들에게 물어보니, 다른 사람의 인터넷도 잘 되지 않는다는 걸 보면 나에게만 해당하는 일은 아닌 모양이다.

저녁 메뉴로 나온 참치회를 먹으면서 기상연구소 류상범 박사와 나누어 마신 소주로 취기가 살짝 돌았다. 뜻밖에도 류 박사는 기상에 관련된 우표를 모은다! 하지만 '모은다' 정도의 아마추어 수준이 아니라 우표 전시회에 출품하려고 5,000만 원을 들여 작품을 만들 정도의 기상우표 수집의 프로다. 그의 선실에서 본 기상우표들과 우표에 대한 설명은 입을 다물지 못할 정도로 대단했다. 우표도 우표지만 우표에 관한 설명을 하려면 엄청난 공부를 해야 한다. 기상 측정의 역사부터 기압의 단위인 헥토파스칼의 유래는 물론 기상예보를 했던 초기 우표의 소인방법까지 알아야 한다. 그런데 놀랍게도 류 박사는 그야말로 기상에 관련된 우표 수집에 한해서는 박사이고 도사였다. 머지않아 기상우표에 관련된 책을 쓴다니 기대되었다(실제 그는 2010년 12월 15일 『우표로 들려주는 날씨 이야기; 날씨는 우리 생활에 어떤 영향을 미쳤는가』라는 제목으로 날씨와 생활 그리고 기상서비스의 발달사를 아름다운 우표들을 통해 보여주는 재미있는 책을 발간하였다). 류 박사의 이야기를 듣던 중, 프랑스 수학자이자 철학자인 파스칼이 소아마비로 다리가 불편했으며, 그가 기압 차이를 발견했다는 것을 알게 되었다. 파스칼의 처남은 1648년 토리첼리 기압계를 들고 프랑스 중부지방의 몽 도르^{Mont d'Or} 산의 퓌드 돔^{Puy de Dome} 봉우리에 올라가 낮은 곳과 높은 곳의 기압이 다르다는 것을 알아냈다. 그전까지 사람들은 기압은 알고 있었지만 높이에 따라 기압이 다르다는 것을 생각하지 못했다고 한다. 그 덕분에 파스칼의 이름은 기압의 단위, 헥토파스칼^{hectopascal}에 영원히 남아 있게 되었다. 참고로 헥토파스칼은 과거의 기압단위였던 밀리바^{millibar}와 같으며, 100파스칼이다. 한편 프랑스에서 공부했을 때인 1976년 12월(?) 퓌드 돔에 올라간 적이 있다. 당시 프랑스 어를 가르쳐준 기관에서 외국 학생들에게 주변을 보여주는 프로그램의 하나로 그 봉우리를 가게 되었다. 그때 나는 스키를 탈 줄 몰라 스키를 타는 사람들을 부러운 눈으로 바라보기만 했다. 그때는 그 봉우리에서 그런 역사에 남을 일이 있었다는 것을 몰랐다.

7월 3일 토요일

어제와 다름없이 5시쯤 되자 가볍게 눈이 떠졌다. 바다 공기가 깨끗해서인지 아침에 눈을 뜰 때 예전처럼 피곤하지 않았다. 잠자리에서 벗어나 곧장 체육관으로 향했다. 배에서 하는 운동량이 조금 부족하다고 생각돼 (결코 쉬운 일은 아니지만) 평소 30분 걷기에서 10분을 늘렸다.

운동을 마치고 씻으려는데, 확실히 수압이 어제보다 낮아졌다는 기분이 들었다. 순간 '벌써 물을 아끼나?' 하는 생각이 스쳤다. 충분히 그럴 수 있는 일이다. 배에서 가장 아껴야 하는 물자 가운데 하나가 바로 물이기 때문이다. 이 배에서는 물을 어떻게 공급하는지 새삼 궁금해졌다. 항구에서 물을 싣는 것일까? 아니면 바닷물로 만드는 것일까? 만약 만든다면 무슨 방법으로 만들까? (나중에 역삼투압 방법으로 물을 만든다는 것을 알았다.)

요즘 육지에서는 월드컵으로 온 세계가 떠들썩한 것 같다. 우루과이와 네덜란드가 4강에 들었으니 지금쯤 킹조지 섬에 있는 우루과이 아르티가스 기지와 브라질 코만단테 페라즈 기지에서는 각각 환호 소리와 탄식 소리로 요란할 것이다. 킹조지 섬에는 8개국의 10개 기지가 있는데, 러시아, 중국, 폴란드를 제외한 5개국이 월드컵에 진출했다. 그 가운데 우루과이가 먼저 4강에 진출했다. 브라질은 4강에 진출하지 못했지만 아르헨티나가 기대된다. 칠레는 벌써 떨어졌다.

올해는 어느 나라가 우승을 할까 상상하다 보니 어느덧 배가 출출해졌다. 마침 식사 시간이 되어 잰걸음으로 식당으로 향했다. 오랜만에 먹은 미역국 맛이 유난히 구수했다. 미역을 포함한 해조류에는 맛을 내는 글루타민산소다가 들어 있어 맛이 있다는 것은 누구나 다 아는 사실일 것이다. 소고기에서 나온 기름이 몸에 좋지 않다는 것은 알지만 국물 맛이 구수해 연거푸 마시다 보니 어느새 한 방울도 남김없이 마셨고, 유산균이 많다는 요구르트는 2병이나 마셨다.

부산항으로 진입하는 것이 쉽지 않아 배는 아침에 부산항 남쪽 10해리(1해리는 1,852미터) 되는 곳에 도착해 잠시 멈춰 섰다. 배가 정지하면서 기관 소리가 낮게 잦아들자 기분이 좋아졌다. 하늘은 좀 흐렸지만 바람이 없고 비가 오지 않아 다행이었지만 안개 때문에 앞이 거의 보이지 않아 답답했다.

선교船橋에 올라가니 무전 소리가 어지럽게 들렸다. 주로 남자 목소리였지만 간혹 여자 목소리도 들리는 것을 보니, 여자 통신사나 선원이 있음을 알 수 있었다. 여자라고 해서 배에 타지 못할 이유는 없다. 선진국의 기준 가운데 하나도 바로 여자가 사회활동에 많이 참여하는 것이 아닌가. 갑자기 2003년 8월 북극 다산 기지에 갔을 때, 식당

부산항에서 예인선이 쇄빙선을 밀고 있는 모습.

에서 일했던 노르웨이 여자들이 생각났다. 아직 결혼하지 않은 20대 여자들로 기억하는데, 키는 약 180cm에 몸무게가 어림짐작으로 70~80kg은 되어 보였다. 그런데 단순히 몸집만 뚱뚱한 게 아니고 체구와 일하는 모습이 장사들이었다. 어쩌면 그 여자들은 오히려 우리를 보고 "남자가 왜 저렇게 작느냐"고 생각했을지도 모른다. 1993년 1월 미국 파머 기지에서 보았던 기지대장 앤 피플스Anne Peoples도 똑똑한 여자였다. 기지대장을 뽑는 공채 시험에서 2번 만에 선발되었다는 그 여자는 바늘로 찔러도 피 한 방울 나오지 않을 만큼 야무지게 보였다. 여자도 사회활동을 많이 하는 미국답게, 미국의 남극 기지에 모이는 사람 가운데 여자의 비율은 40% 정도라고 한다. 그 여자도 그 가운데 한 사람이었다.

토요일 점심은 냉면과 작은 만두다. 냉면 맛이 좋은 것을 보니 그만큼 냉면을 만드는 기술이 좋아졌다는 증거일 것이다. 러시아 사람은 만두를 좋아한다며 접시 가득 담아 자리로 돌아갔다. 다행히 오늘은 좋아하는 음식이 나왔지만 다른 날에는 우리나라 음식을 거의 먹지 못하는 것 같았다. 아무래도 음식이라는 것은 자연과 문화와 역사가 한데 어우러져 만들어진 것이기 때문에, 우리나라의 대자연과 그에 따른 문화와 유산들이 크게 다른 러시아 사람들에게는 입에 맞지 않는 것이 당연한 일일지도 모른다.

오늘은 선교에서 식비와 야식비를 정산했는데, 연구소에서는 분명히 우리나라 돈으로 지불해도 된다고 들었는데 미국 달러를 요구했다. 게다가 연구소가 보내주었다는 계산서마저 금액이 틀렸다. 식비와 야식비는 새로운 지불 방식이 필요하다는 생각이 들었다.

배는 부산 외항에 몇 시간을 서 있다가 오후 3시가 지나자 조금씩 움직이기 시작했고, 4시 5분경 도선사가 올라왔다. 일정한 크기가 넘는 모든 배는 도선사의 안내를 받아야 한다. 부산항으로 처음 들어가면서 오른쪽으로 용호동 한센병(일명 나병) 환자들의 집단촌에 세운 고층 아파트들이 눈길을 끌었다. 환자들은 모두 떠났고 그들이 떠난 자리에 거대한 고층 아파트들이 들어섰다. 어떻게 이렇게 바뀔 수 있을까? '상전벽해桑田碧海'란 말은 이러한 변화를 두고 하는 말인가 보다.

거대한 골리앗 같은 크레인들이 늘어서 있고, 수만 톤은 되어 보이는 배들이 그 아래서 부지런히 컨테이너 작업을 했다. 영도와 그 앞에 있는 아치섬(조도朝島)의 위치가 상상되고 부산역과 부산역에서 꽤 떨어진 범일동 같은 지역이 짐작되었다. 중학생 때 아주 높다고 생각했던 용두산 공원은 실제로는 아주 낮은 꼬마 언덕이었다. 그 모습이 마치 어렸을 때 아주 크게 보였던 다리나 운동장이 나이가 들어서 가보

⚓ 7월 3일 부산항 풍경.

면 아주 작아진 것과 같은 느낌이었다. 다만 수정동 뒷산은 중턱까지 꽤 좋은 집들이 들어서 있는 것이 옛날 모습과 사뭇 달랐다. 옛날에도 중턱에 집들이 있었지만 판잣집으로 가득했다. 하긴 부산을 떠난 지 만 46년이 지났으니 강산이 4번 반이나 바뀐 셈이다. 부산항을 가로질러 현수교를 세우는지 건설 중인 높은 주탑들과 교각들이 보였다. 부산은 확실히 복잡하고 분주한 도시다.

밤 9시가 다 되어서야 배는 힘차게 기적을 울리면서 부산항을 빠져나왔다. 그런데 신기하게도 문자가 제대로 전송되었다. 고장 난 휴대전화기가 저절로 고쳐진 걸까?

7월 4일 일요일

　배가 약간 흔들리는 것을 보니 너울이 있는 것 같았다. 하지만 큰 바다로 나왔으니 연안과는 다를 것이다. 배는 부산항을 빠져나와 곧장 북동쪽을 향해 움직였고, 오전 8시 반경 북위 36° 27′, 동경 131° 20′, 독도 남남서 100km 부근을 항해했다. 전체 항로는 연구소에서 받았던 항로와 많이 달랐다. 그 항로는 동쪽으로 한참을 간 다음 북동쪽으로 꺾어져 쓰가루 해협까지 직선으로 가는 항로였다. 그러나 배가 떠난 후 기상연구소 류상범 박사, 엄현민 팀이 아르고 플로트^{ARGO Float}를 물에 넣느라고 바꾸었다고 한다.

　아르고 플로트란 수심 800~2,000m 정도를 가라앉았다가 떠오르면서 수층의 수온과 염분을 측정해서 위성으로 송신하는 장치다. 위에는 길이 70cm 정도의 검은 안테나가 달린, 지름 20cm 정도에 길이 1.2m의 둥글고 긴 노란색의 원기둥 모양이다. 바다 수층의 상태와 해류를 알 수 있다는 점에서 플로트는 아주 유용한 관측 장비다. 이 장비는 바다에 있는 동안 일주일에 한 번씩 짧게는 3년, 길게는 5~6년 동안 자료를 보내며 그동안 안에 내장된 프로그램대로 가라앉고 떠오르기를 반복하며 측정한다. 몸체가 상당히 크고 무거워 갑판장을 비롯한 선원 다섯 사람이 도와주었다. 마지막 로프를 잡고 있는 두 사람은 조심조심 플로트를 물속으로 내렸다. 물에 잠긴 플로트는 프로펠러에서 생기는 소용돌이를 따라 배 아래로 들어갔다가 나온 다음 제대로 흘러갔다. 류 박사팀은 이번 항해에서 동해에 8개, 캄차카 반도의 남동쪽 바다에 4개를 떨어뜨릴 계획이다.

2001년부터 이 연구 사업을 진행하고 있는 기상연구소의 연구원들은 몇 년 전에는 플로트를 바닷물에 넣어달라고 어느 해운회사에 부탁했다고 한다. 그런데 배에서 플로트를 어떻게 넣었는지는 모르겠으나 자료가 거의 오지 않았으며, 류 박사는 플로트가 물에 들어가면서 충격을 받았기 때문이라고 생각했다고 한다. 플로트를 살살 내리지 않고 물에 떨어뜨리면 플로트가 충격을 받을 것이다. 플로트는 플로트를 만든 재료와 가라앉고 떠오르는 이동 프로그램이 주요한 부분으로 약 2,000만 원 정도 한다.

한편 휴대전화 액정에 '통화권 이탈'이라는 표시가 떴지만, 인터넷이 어제 저녁을 먹기 전보다는 훨씬 빨라져 다행이라는 생각이 들었다.

문득 고개를 들어 먼바다를 바라보았다. 드넓은 망망대해에 어쩌다 갈매기 1마리가 보일 뿐 다른 동물들은 그림자조차 보이지 않았다. 동해에 그 많다던 돌고래도 좀체 모습을 드러내지 않았다. 날치는커녕 물 위로 뛰어오르는 물고기도 없었다. 간신히 볼 수 있었던 갈매기를 유심히 살펴보니, 부리 끝이 새까만 것이 조금 희귀한 종으로 보였다. 아니면 새끼인가?

오징어잡이 어선이 몇 척 보였다. 육지에서 멀리까지 나왔으니 그렇지 않은 배보다는 더 많이 잡겠지만, 저렇게 작은 배 하나를 믿고 여기까지 나온 선장의 용기가 대단하다는 생각이 들었다. 이 밖에도 바다에 띄워놓은 백색이나 붉은색의 부이들이 보였다.

12시 반경 독도 경비대가 출입항, 적재물, 승선 인원, 총 톤 수 같은 것을 무전으로 물어왔다. 또 '독(도)경(비)대'를 찾는 무전 소리도 들렸다. 그런 것을 보면, 독도가 우리 땅임이 분명하다는 생각이 새삼 들었다. 난생처음 보는 독도가 안개 속에서 어렴풋이 비쳤다. 섬이 2개인데 배의 위치 때문에 마치 1개처럼 보였다.

날씨가 맑아지면서 서서히 수평선이 보이기 시작했다. 자세히 보니 바다에 띄워놓은 백색 혹은 붉은색의 부이들도 보였다. 바다를 구경하다가 우현에서 본 검은 부이는 고래의 등지느러미일까? 멀리 반대쪽으로 가는 큰 배는 러시아에서 우리나라로 가는 배일까? 또다시 상상의 나래가 펼쳐지며 궁금증이 일었다.

4시 반이 넘어 세 번째, 6시가 넘어 네 번째 아르고 플로트를 와류에 휩쓸리지 않게 가볍게 내렸다. 그만큼 플로트를 물에 넣는 솜씨가 능숙해진 것 같았다. 또 만약의 경우를 대비하여, 구명부이 푸는 시간 몇십 초를 아끼기 위해 뱃전에 달아놓았던 구명부이도 풀어서 갑판에 내려놓았다.

이 일을 도와주는 사람 중 1명은 해군하사 출신으로, 그는 제대 후 대학에서 영어를 전공하다가 아르바이트를 하려고 요리사 보조 자격

으로 이 배에 탔는데, 갑판원 보조를 하고 있다(요리 보조가 너무 많았기 때문이다). 그는 해군 시절 양만춘 함에서 전(파)탐(지하)사, 곧 레이더맨이었다고 한다. 나이는 젊어도 이력이 특이하다는 생각이 들었다.

빨간 부이 위에서 쉬는 갈매기. 갈매기도 부이가 있다는 게 고마울 것이다. 제비처럼 보이는 작고 검은 새가 힘겹지만 그래도 배보다 빨리 날아갔다. 낮에는 바닷바람이 시원해 덥다는 기분은 들지 않을 만큼 기온이 적당하지만 어두워지면 남방셔츠 소매를 내려야 했다. 배는 점점 북쪽으로 올라갔다. 하늘이 흐려지면서 바닷물은 검은색이 감도는 진한 녹색이 되었다.

갑자기 우리나라가 대단한 나라라는 생각이 들었다. 외국 배를 빌려 쓰다가 쇄빙선을 만들어 이렇게 북극으로 나오다니 정말 대단한 나라이지 않은가. 1989년 말, 3차 하계 남극연구를 위해 1,400톤가량의 영국 배를 빌렸던 적이 있었다. 당시, 지금은 미국에서 교편을 잡고 있는 한명우 박사가 "야! 대한민국, 대단하다! 이런 배를 가지고 남극으로 오다니!" 하고 감탄했다. 그가 이 배를 탔다면 얼마나 감탄했을까? 이런 생각이 들자 우리나라가 더욱 자랑스럽게 느껴졌다(그도 우리나라가 쇄빙선을 만든 것을 알 것이다).

한편에서 독일이 아르헨티나를 4 대 0으로 꺾었다는 소식이 들렸다. 주바니 기지의 한숨 소리가 들리는 듯했다. 4강에 오른 우루과이 기지에서는 아마도 잔치가 벌어졌을 것이다. 킹조지 섬에 상주 기지(사람이 연중 있는 기지)를 두고 있으며 월드컵에 출전한 5개국 가운데 유일하게 우루과이만 살아남았다.

7월 5일 월요일

크기는 갈매기만 하지만 배만 하얗고 온몸이 진한 갈색의 처음 보는 새가 떼를 지어 배 뒤를 따라왔다. 육지에서 거리가 멀어지면 생활 조건이 바뀌어 서식하는 생물도 바뀐다. 갑자기 끝말잇기라도 하듯 생각이 꼬리에 꼬리를 물고 늘어졌다.

글자 그대로 망망대해-수평선-몇 겹으로 낮게 드리운 회색의 구름-잔물결-뱃전 가까이 흰 거품과 파도-가끔 보이는 이름 모를 새-배가 지나간 길을 따라 뒤집어진 물과 하얀 거품-배가 간다는 증거-아무도 없어-배도 사람도 없고 큰 동물도 없고 섬도 없고 나무도 없어-시끄러운 기관음-수평선 너머 오른쪽으로 가면 일본이고 북쪽으로 가면 러시아-하늘 꼭대기에는 구름에 가려진 해가 나면서 눈이 부셔. 해가 나면서 그림자가 생기고 공기도 따뜻해지고 보이는 것은 바다-구름-수평선-물결.

인하대학교에서 박사학위를 받은 후 연수를 하는 강일남 박사의 연구팀은 바닷물에 있는 미생물과 고세균古細菌에 관심을 갖고 있다. 그들은 일정한 시간마다 바닷물을 펌프로 끌어올려 필터를 해 걸리는 것을 냉동한다. 아주대학교에서 석사학위를 받은 남성진 씨는 극지연구소 이유경 박사의 연구실에 있다는데 처음 보는 얼굴이었다. 같은 연구소라 해도 150명가량의 사람들이 두 건물과 같은 건물에서도 몇 층으로 나누어져 있고 식당이 여러 곳이니 그럴 만도 하다. 이 팀은 알라스카 놈까지 조사한 다음 서울로 돌아가고 다른 사람이 북극 척치 해Chukchi Sea에서 같은 일을 한다.

멀리 배들이 보였다. 그런데 뱃전에 무언가 달려 있고, 뒤에는 초록색 나무 같은 것이 있는 하얀색의 배들이었다. 가까이 가면서 쌍안경으로 살펴보니 뒤에 있는 것은 일종의 돛으로 보였다. 돛은 기름이 필요 없는 좋은 구조물이다. 지금 있는 곳이 일본과 가까우니 아마도 일본 어선일 것이다. 11시가 다 되어 배는 일본 오키 섬의 거의 정북쪽 바다인 북위 39° 52′에 동경 136° 16′에서 북동 방향으로 시속 20km가 넘는 속도로 움직였다. 수온은 23.2℃이고 염분은 34.3‰이니 꽤 짤 것이다.

한편, 남극 특강을 위해 연구소에서 이메일로 보내 온 자료를 보려는데, 가지고 있는 노트북에 프로그램이 없어서인지 파워포인트로 된 파일을 열지 못했다. 잠시 당황했지만 내일 남극 특강은 이 배 전자장의 도움을 받으면 별일 없이 잘 될 것이라 생각하며 애써 희망을 가졌다. USB 메모리에 담은 자료를 재현하는 것이 그에게는 어려운 일이 아닐 테니 말이다.

서호선 기관장의 말로는 배의 헬리콥터 격납고 문은 주발전기와 비상발전기에 연결되어 있으며 손으로도 열 수 있다고 한다. 이는 1989년 1월 말에 남극에서 좌초해 침몰한 아르헨티나 남극물자운반선인 바이이 파라이소*Bahia Paraiso* 호의 전철을 밟지 않기 위함이다. 그 배는 좌초되어 주발전기가 멈추면서 격납고 문을 열지 못해, 당시 1,500만 불짜리 헬리콥터 2대를 잃었다. 그때 공포와 혼란 속에서 정신을 차려 산소로 격납고 문을 잘라서 열었다면, 헬리콥터는 구할 수 있었을 텐데 안타깝다. 선령船齡이 10년 된 6,000만 불짜리 배도 아깝지만 헬리콥터는 더 아깝다는 생각이 들었다.

저녁 식단으로 나온 대구탕을 먹다가 오른쪽 이석 1개를 얻었다. 살짝 씹어서 약간 깨지긴 했지만 그런대로 괜찮은 상태였다. 강서구에 있는 한 횟집에서 얻은 우럭에 이어 두 번째 이석이다. 고기의 몸통에 비해 아주 작은 그 뼈가 고기가 헤엄칠 때 몸의 균형을 잡아주고, 나이를 알려주고, 고기가 자란 물의 환경도 알려준다니 신기할 뿐이다.

책상에 앉아 있다가 무심코 벽시계를 보니 10시가 넘었다. 손목시계를 보니 1시간이 빨랐다. 그러고 보니 어제 항해사가 오늘 오후 9시에 1시간을 당긴다는 말이 퍼뜩 생각났다. 더불어 배에 있는 모든 시계는 한자리에서 통제할 수 있다는 말도 기억났다.

7월 6일 화요일

1시간 일찍 자리에 누웠는데도 보통 때와 다름없이 5시 20분에 눈이 떠졌다. 안개가 끼고 흐린 날씨라 수평선도 보이지 않지만 바다는 한없이 고요했다. 지금쯤 쓰가루 해협을 지났을지도 모르지만 육지는 보이지 않을 것 같다.

운동을 하다가 문득 바깥을 보니 멀지 않은 곳에서 한진 컨테이너선이 반대 방향으로 지나가는 것이 보였다. 미국에서 우리나라로 가는 것일까.

아침 7시 40분경, 배는 북위 41° 41′, 동경 141° 23′에 있어 쓰가루 해협을 이미 벗어났다. 해도에 표시된 시간으로 보면 새벽 3시 40분경 해협으로 들어왔으니 컨테이너선을 보았을 때가 쓰가루 해협을 지날 때였을 것이다. 그걸 몰랐다니!

배가 드넓은 바다에 진입하니 너울 때문인지 좌우로 조금 흔들렸다. 그래도 바다는 생각과 달리 고요했다. 태평양은 큰 바다이니 몹시 흔들릴 것이라 생각했는데 정말 뜻밖이었다.

오후 1시에 '남극과 우리나라'라는 제목으로 강연을 했다. 내용은 남극의 지리와 날씨, 얼음, 생물, 자원 같은 자연환경의 발견과 남극 탐험과 국제사회의 관심이며 마지막에 우리나라의 활동을 덧붙였다. 극지연구소의 연구원이라면 누구나 알아야 할 상식들이었다. 몇 사람 오지는 않았지만 관심을 가져주는 사람이 있어 고마웠다. 원래는 슬라이드를 보여주면서 설명하려고 했는데, 전자 기술자도 끝내 슬라이드를 작동시키지 못했다. '남극 세종 기지의 겨울'에 관한 것은 언젠가 적당한 때에 이야기해야겠다.

오후 9시 1분경 벽시계의 분침이 빨리 한 바퀴를 돌아 10시 2분을 가리켰다. 바다는 여전히 고요했다.

7월 7일 수요일

배는 어제보다 조금 더 흔들리는 것 같았지만 홋카이도 동남동 해역을 잘도 달렸다. 하지만 해무海霧가 워낙 심해 눈앞에 보이는 것은 배로 인해 생기는 파도와 물결뿐이었다. 그래도 YTN과 아리랑 방송을 볼 수 있어 다행이었다. 결국 네덜란드가 우루과이를 3 대 2로 이겼다는 방송이 나왔다. 킹조지 섬에 있는 우루과이 기지에서는 사람들이 탄식하고 있을 것이다. 그래도 인구 300만밖에 되지 않는 작은 나라가 아주 잘 싸웠다.

배가 흔들려서인지 식당에 오는 사람이 적어진 듯했다. 2명의 러시아 사람이 빠짐없이 나오고 젊은 사람들이 보이지 않는 것은 멀미보다는 시간 변경 때문일 것이다.

저녁을 먹을 때 '오늘 저녁 9시에 1시간을 당기겠다'는 방송이 나왔다. 어제도 1시간을 당겨서 모두 3시간이 당겨진 셈이다. 아침에 일찍 일어나기 때문에 시간이 빨라지는 것이 크게 문제될 것은 없었다. 침대 시트를 갈아준다는 방송이 나왔지만 그다지 더러워진 것 같지 않아 들고 나가지 않았다. 북서태평양의 공기가 아주 깨끗하기 때문일 것이다.

저녁 7시 40분이 되자, 배는 동북동 쪽으로 항해하다가 홋카이도 북동쪽 세 번째 우루프^{Urup} 섬의 남쪽 바다에서 북동쪽으로 방향을 틀었다. 수온 13.7℃에 염분 32.7‰이니 바닷물의 염분이 그리 높지 않은 편이다. 점점 북쪽으로 이동하기 때문에 짧은 남방만으로는 으슬으슬 몸이 떨렸다. 지금 서울 날씨는 무척 덥다고 하니, 바깥에 있었다면 계속해서 흐르는 땀 때문에 남방이 흠뻑 젖었을 것이다. 배가 조금 흔들리지만 피서는 제대로 하고 있는 셈이다.

오늘도 저녁 9시 1분, 시계는 자동으로 1시간이 당겨졌다.

7월 8일 목요일

눈을 뜨니 바깥이 아주 어두웠다. 아직 해가 뜨지 않아서인지 안개 때문인 건지 알 수 없었다. 어김없이 운동을 하기 위해 옷을 갈아입으려는데, 아침을 먹지 않았는데도 단추를 채우기 어려웠다. 며칠 전부터 허리가 점점 굵어지는 것 같은 느낌이 들더니 정말 뱃살이 늘은 걸까. 꼬박꼬박 세끼 잘 먹고 좀처럼 움직이지 않으니 당연한 결과다.

배는 어제보다 흔들리지 않았지만 가끔씩 크게 출렁이는 것을 보면 큰 파도가 간간이 이는 것 같았다. 며칠 전 서호선 기관장의 말에 따르면, 태평양의 7, 8월은 아주 고요하다니 크게 걱정하지 않아도 될 것 같다. 한편 천장에서 새어 나오는 찬바람을 막자 언제 그랬냐는 듯 방의 한기가 사라졌다.

안개가 가시자 오랜만에 수평선이 훤히 드러났다. 수평선이 보이자 덩달아 기분이 좋아졌다. 수평선에 평행한 거무스름한 것은 땅일 거라고 생각했지만 구름이었다. 육지가 보이기에 배는 너무 멀리 떨어져 있었다. 배는 오전 9시경 캄차카 반도의 남남서의 바다를 달렸다. 수온은 10.7℃이고 염분은 32.9‰이니 여전히 염분이 높지 않다. 기온이 어제보다 많이 낮아져서인지 젊은 김진우 이등항해사가 검은색 상의를 걸치고 나타났다. 오늘 저녁 9시에도 1시간을 당긴다고 하니, 총 7시간을 당기는 셈이다. 그래서 이번 주는 토요일이 2번 있다(인생을 하루 더 사는 것일까?).

점심시간이 지나자 해무가 끼기 시작하면서 시야가 다시 좁아졌고, 게다가 피칭pitching을 하기 시작했으며 너울이지만 파도도 높아졌다. 또 이따금씩 큰 물결이 일며 배를 때리는 통에 배가 심하게 진동했다.

저녁을 먹을 때, 오늘 오후 9시에 또다시 1시간을 당긴다는 방송을 들었지만 얼마 지나지 않아 취소한다는 방송이 나왔다. 선교에서 듣기로는 오후 4시 반에 열렸던 '안전품질회의'에서 매일 시간을 당기는 것보다 한꺼번에 당기는 게 낫다는 의견이 나왔기 때문이라고 한다. 매일 1시간, 1시간씩보다는 한꺼번에 화끈하게 당기자는 뜻이리라(역시 우리나라 사람이다!).

오후 6시가 조금 지나자 배는 캄차카 반도의 정남쪽 300km 정도 떨어진 바다 위를 달렸다. 오늘 유일하게 볼 수 있었던 YTN에서 보니, 오늘도 우리나라는 찜통더위라고 한다. 유독 땀을 많이 흘리는데 그 더위를 피할 수 있어서 정말 다행이다.

배에서 보았던 제비를 닮은 작고 까만 새는 아마 스톰페트렐의 일종일 것이다. 남극의 스톰페트렐이나 갈라파고스 제도의 스톰페트렐이나 모두 제비처럼 까맣고 작다.

7월 9일 금요일

배가 앞뒤로 조금씩 움직이고, 바다가 어제보다 약간 더 거칠어졌다는 기분이 들었다. 이제는 손잡이를 잡지 않으면 좀처럼 균형을 잡기 어려워질 정도가 되었기 때문이다. 그래도 넓은 바다 치고는 양호한 편이다.

8시 반경, 배는 캄차카 반도 남남동 400km 바다를 12.9해리로 북동 방향으로 달렸다. 목표인 알라스카 놈까지는 1,553마일이니 앞으로 120시간 이상 가야 한다. 항해사의 말로는 이틀 후에 베링 해^{Bering Sea}로 들어간다고 한다. 베링 해에 관한 책을 보면, 베링 해는 세계에서 가장 춥고, 바람이 심하며, 황량한 바다 중의 하나라고 한다. 누구나 다 자기가 겪은 바다를 말할 때는 그다지 험하지 않음에도 그렇게 말하겠지만 실제로 그런지 일단 기다려보자는 생각이 들었다.

점심에 오랜만에 기상연구소의 엄현민 씨가 약간 핼쑥해진 얼굴로

나왔다. 30대 청년에게도 처음 경험하는 드넓은 바다는 만만한 곳이 아닌 모양이었다.

튀긴 생선과 스파게티 그리고 수프와 사과 샐러드, 마지막으로 후식으로 나온 귤을 아주 맛있게 먹었다. 배에서 제공하는 음식은 생각보다 맛이 좋고 조리사가 신경을 써주는 것이 아주 고맙게 느껴진다. 한편, 기온이 점점 더 낮아지면서 얇은 남방만으로는 갑판에 서 있을 수조차 없게 되었다.

이재근 갑판장은 플로트 내리는 방식을 바꾸었다. 아무리 안전 줄을 매었다 하더라도 사람이 안전망 바깥으로 나가는 것이 불안하여, 긴 막대기 끝에 플로트를 얹어서 내리는 방안을 고안해낸 것이다. 플로트 가운데에 로프를 걸어 혹시 갑자기 떨어지는 것에도 대비를 했다. 부친이 갑판장이었던 탓일까? 그는 아버지에 이어 가업을 이었다.

오후 2시 45분경 갑자기 비상경보가 울렸다. 하지만 곧 다급한 목소리로 '훈련'임을 알렸다. 2시부터 교육이 있어 그 연장으로 생각해 식당에 앉아서 하던 이야기를 계속했다. 그러나 몇 분 후 러시아 사람과 중국 여자가 내려왔다. 특별한 영어 설명이 없으니 놀랄 만도 하다. '훈련'이라고 차분히 설명하자 이내 안심하는 기색이었다. 러시아 사람은 불이 난 줄 알았다면서 "불은 위험하다"고 말했다. 맞는 말이다. 외국인들이 타고 있으니 조금 더 세심히 배려해야 한다는 생각이 들었다.

분주히 비상 훈련을 하는 승조원들을 보고 있자니, 또다시 머릿속에 꼬리에 꼬리를 무는 단어들이 속속 떠올랐다. 생각들은 가볍게 이는 물결처럼 리듬감 있게 머릿속에서 출렁였다.

오랜만에 햇빛이 나–헬리콥터 덱–기온이 좀 낮아도 기분 좋아–비상 훈련 중인 선원들도 양지에서 쉬어–따뜻하고 해가 나고–바람 좋고 고요해–단조로운 기관음은 배경음악–구름은 하늘의 대부분을 차지해도 오랜만에 보는 파란 하늘–진한 남색 바다–하얀 거품–햇빛에 반짝거리는 수면–가늘고 작은 주름

⚓ 비상 훈련을 하는 승조원들.

이 수없이 이는 해면-하얀 이불 같은 구름-회색 몽글몽글 작은 구름들-춥지 않은 바람-어쩌다 보이는 새-출렁거리며 배 뒤로 멀어지는 파도-작은 산맥 같은 파도-멀리 배 뒤편으로 부연 하늘과 구름-천천히 오르내리는 뒤갑판.

4시 방향으로 고래 1마리가 힘차게 뿜어 올리는 물줄기가 보였다. 배와 반대 방향으로 검은색 등이 보였지만 더 이상은 보이지 않았다. 배기관 소리에 놀라 바다 깊이 숨었을 것이다. 무슨 고래일까? 범고래는 분명히 아니다. 물줄기가 수면에 수직으로 솟구쳤으니 향유고래도 아닐 것이다. 물줄기가 그다지 커 보이지 않았다. 혹등고래 새끼? 문제는 내가 고래를 모른다는 사실!

놈에 14일과 15일 이틀간 묵으려 했던 호텔 예약을 취소시켰다. 배가 우리나라의 인천처럼 부두에 닿아 사람들이 내리고 타는 게 자유로울 것이라 생각했는데, 배는 바깥에 있고 보트로 오간다고 한다. 그렇다면 보트가 계속해서 오가는 것이 그리 쉬운 일은 아닐 것이다. 게다가 배가 놈에 아주 늦게 들어간다면, 내릴 사람 내려주는 보트에 탈 사람만 태우고 올 수도 있으니 굳이 배에서 내릴 필요가 없다. 또 배가 일찍 도착해서 시간이 생긴다면 내려서 숙소를 찾을 수 있을지도 모르는 일이다.

7월 10일 토요일

아침 배는 캄차카 반도의 남동쪽 600km 정도 되는 해역을 북동 방향으로 달렸다. 반복되는 단조로운 소리는 배가 잘 가고 있다는 증거이다. 바다도 아주 고요하고 수온 8.9℃에 염분은 33.0‰이니 바닷물은 여전히 짜지 않다.

기온 7.8℃에 입에서는 하얀 입김이 서렸다. 좀 춥다고 해서 감기에 걸리지는 않겠지만 굳이 떨 필요가 있겠나 싶어 여름 등산바지를 코르덴바지로 갈아입었다. 36인치짜리 바지가 허리에 딱 맞는 것을 보니 허리가 정말 굵어진 모양이다. 아침마다 40분간 4.2km를 걷기 때문에, 260칼로리 정도를 소모시키는데도 허리사이즈는 좀처럼 줄어들 기미가 보이지 않는다. 그러나 과거의 경험으로 보아 배에서 내리면 얼마 지나지 않아 다시 원래 상태로 돌아갈 것이라 믿으니 마음이 한결 편안해졌다.

갑판에 서 있자니 지금껏 본 적 없는 모양의 새가 나타났다. 등과 머리 그리고 꼬리가 새까맣고 배가 하얀 새였다. 통통한 몸집과 날갯 짓하는 모습으로 보아 페트렐 계통은 아닌 것 같았다. 배 주위를 맴도는 모습이 마치 사람들을 관찰하는 것처럼 보였다. 호기심이 많은 새라면 정말 그럴지도 모른다. 배가 가까이 다가가자 바다 위에 앉아 있던 검은 새 40~50마리가 한꺼번에 하늘로 날아올랐다. 날개의 윗부분이 진한 회색이고, 아래는 연한 회색이며, 나머지 몸통이 하얀 새도 처음 보았다. 며칠 전부터 새가 많아졌다가 적어졌는데, 오늘은 다시 많아졌다. 수온과 염분이 바뀌고 기온이 바뀌면서 먹이의 양이 변한다면 새들의 종과 수도 바뀔 것이다.

날짜변경선을 지나가면서 날짜를 바꾼다는 공지가 게시판에 나붙었다. 내일 11일 일요일 오전 8시를 10일 토요일 낮 12시로 바꾸어 미국 알라스카 시간에 맞추려는 것이다. 시간 변경하는 것을 보면서 역시 아이디어가 좋다는 생각이 들었다. 아침을 먹은 다음 점심 먹을 시간에 저녁을 먹으라는 뜻이다. 그렇다면 저녁은 없는 걸까?

날짜변경선을 많이 넘어보았지만 배로 넘기는 것은 이번이 두 번째이다. 2008년 1월 중순부터 2월 하순에 걸쳐 러시아 내빙선 아카데믹 페도로프*Akademik Fedorov*호로 남극대륙 기지 후보지를 조사했을 때가 처음이었다. 그때 멜버른을 떠난 배는 동쪽으로 가면서 시간을 1시간씩 당기면서 본초자오선을 넘어 서반구로 들어갔다. 그러다가 환자가 생겨 미국 맥머도 기지 부근으로 돌아갔을 때, 선장이 맥머도 기지 아주 가까이 가면서도 본초자오선을 넘지 않았다. 곧 배를 동반구에 바짝 붙여서 서반구에 세웠다. 본초자오선을 몇 시간 살짝 넘으면서 번거롭

게 시간을 바꾸지 않기 위해서였을 것이다. 한편 북서태평양에서는 날짜변경선이 동경 180°가 아니라 북동-남서 방향으로 비스듬하다. 베링 해에서 날짜변경선을 넘으면 미국 영토로 들어가게 된다.

부산의 부두에 접안할 때, 예인선을 쓴 이유는 도선사가 우리 배의 드라스터 thruster 에 익숙하지 않고 드라스터 같은 자동 장치보다는 수동이 더 안전하기 때문이라고 김진우 이등항해사가 설명해주었다. 배를 좌우로 보내는 추진 장치인 드라스터가 최신 장비이니 도선사가 낯설 수도 있을 것이다. 또 사람이 손으로 하는 일에는 힘은 들지 몰라도 여러 가지 장점이 있다.

이 망망대해에 우리만 있는 게 아니었다. 2시가 조금 넘자 뒤쪽으로 거대한 배가 보였다. 처음에는 반대 방향으로 가는지 우리와 같은 방향인지 몰랐으나 자세히 보니 점점 가까이 다가왔다. 선복에 에버그린 Evergreen 이라는 커다란 글자가 보였고 수백 개의 흑색, 백색 글씨가 쓰인 녹색, 청색 컨테이너를 싣고 있었다. 선교에 있던 김대영 이등항해사가 측정해보니 그 배의 속력은 30km로, 우리 배보다 상당히 빠른 편이었다. 갑판장의 말로는 4,000TEU(20피트 컨테이너 1개 단위) 정도라니

⚓ 7월 10일에 만난 에버그린 컨테이너선. ⓒ극지연구소

결코 작은 배가 아니다. 이 방향으로 컨테이너를 받을 만한 항구는 앵커리지 Anchorage 밖에 없을 것이다.

3시 50분이 되어 갑판원들이 마지막 플로터를 물에 내렸으니 기상연구소 사람들은 홀가분해졌을 것이다. 이번에 앞서 말한 대로, 개당 2,000만 원짜리 장비를 동해에 8개, 캄차카 남동쪽 바다에 4개를 넣었다. 플로터들은 몇 년 동안 부근 바다의 수층 수온과 염분에 관한 정보를 알려줄 것이다. 기상연구소 류 박사의 말로는 우리나라가 전 세계에서 약 3,200개 정도를 띄운 플로터의 3%를 부담한다고 한다. 3%라면 100개 정도인데, 약 20억 원어치로 적지 않은 예산이다. 그래도 그 정도를 순순히 세계의 바다 날씨를 알기 위해 쓴다니 우리나라도 작은 나라가 아니다. 반면 20억 원이라고 해봐야 웬만한 공사비의 수십 분의 1밖에 안 되는, 적은 돈이라면 적은 돈이다. 그 정도로 우리나라가 세계에 이바지할 수 있다면, 아주 적은 돈으로 이바지하는 셈이다. 그렇다고 해도 그런 예산을 들일 수 있는 것을 보면, 우리나라도 비교적 여유 있는 나라가 되었다.

→7월 10일 토요일(낮 12시)

오늘 아침이 되어서야 베링 해로 들어왔다. 보고 싶었던 아투^Attu 섬의 서쪽 바다로 들어왔지만 안개가 심해 섬이 보이지 않아 안타까웠다. 아투 섬과 그 동쪽 300km의 키스카^Kiska 섬은 일본군이 2차 세계대전 때인 1942~1943년에 점령했던 곳이다. 그 황량한 섬들이 전략에서는 중요했겠지만 이 먼 곳까지 와서 상륙하고 싸우고 전멸했다는 것은 전쟁이라는 미친 짓이 만들어낸 이해하기 힘든 일이다. 당시 일본 비행기는 유날라스카^Unalaska 섬에 있는 항구 더치하버^Dutch Harbor를 폭격했다. 한편 미국은 아투 섬과 키스카 섬이 점령당하면서 독립한 이래 처음으로 영토를 외국에게 점령당했다는 불명예를 안았다.

캄차카 반도를 포함한 아시아대륙의 서쪽 끝과 베링 해협과 북아메리카대륙의 북서쪽 알라스카 해안과 알류샨^Aleutian 열도로 둘러싸인 부채꼴 모양의 베링 해의 면적은 230만km² 정도로, 한반도의 10배가 약간 넘는다. 약 200개의 크고 작은 섬들로 된, 알라스카 남서쪽 알라스카 반도에서 시작한 알류샨 열도는 지구과학에서 말하는 호상열도弧狀列島의 대표이며, 길이 2,100km인 활화산의 연속으로, 이른바 태평양의 둘레를 둥글게 따르는 '활화산고리Ring of fires'의 일부이다. 무거운 현무암으로 된 태평양 지판이 가벼운 화강암으로 된 북아메리카 지판 아래로 비스듬하게 들어가면서 바다가 깊어져 알류샨 해구海溝를 만들었고, 섬들이 원주의 일부 같은 알류샨 열도를 만들었다. 물이 섞인 자갈과 모래와 점토는 지판 아래로 들어가면서 녹고, 녹으면 부피가 커지고, 부피가 커지면 가벼워 솟아오른다. 그러므로 그런 곳을 따라 화산이 많으며 지진도 많다. 이런 것들을 지질학 공부를 통해 머리로는 알았어도 막상 가까운 곳에서 보니 마냥 신기했다. 이 열도의 끝은 러시아 영토인 코맨더Kommandor 제도의 베링 섬이다.

아시아대륙과 북아메리카대륙 사이에 있는 베링 해는 알라스카 명태와 태평양 청어와 킹크랩과 커다란 가자미 계통인 태평양 핼리벗halibut으로 유명한 곳이다. 우리나라 원양어선이 1960년대부터 베링 해에서 잡았던 명태는 우리가 잘 먹는 생선이지만, 지구가 더워지면서 적어도 동해에서는 완전히 사라진 물고기이다. 언젠가 지금은 없어진 〈도전지구탐험대〉라는 프로그램에서 우리나라 연예인이 핼리벗 잡는 것을 본 적이 있는데, 작은 핼리벗은 바다로 돌려보냈던 장면이 떠올랐다. 수명이 40년이 넘는 핼리벗이 완전히 성장하게 되면, 길이 2.3m에 폭 1.5m, 무게는 무려 182kg이나 나간다. 이 밖에도 베링 해의 어부들이 폭풍우 속에서 킹크랩을 잡느라 고생하는 비디오를 본 것이 생각났다. 책을 보니 킹크랩은 2종으로 황금 킹크랩과 붉은 킹크랩이 있으며, 이들보다 작은 게도 2종이 있다.

베링 해는 덴마크 탐험가 비투스 베링 Vitus Bering, 1680~1741을 기념하는 바다이다. 캄차카 반도와 알라스카와 알류샨 열도를 유럽 사람으로는 처음 탐험했던 위대한 탐험가 베링은 1741년 중부 캄차카에서 동쪽으로 160km 정도 떨어진 코맨더 제도의 베링 섬에서 비타민 C 부족으로 죽었다고 알려졌다(그러나 최근 연구에 의하면 사망 원인은 심장마비였다고 한다). 당시 선원 75명 가운데 28명이 괴혈병으로 죽었지만 살아남은 사람들은 베링 탐험에 참가한 독일 박물학자 쉬텔러 Georg Wilhelm Steller, 1709~1746 덕분에 목숨을 구할 수 있었다. 그는 캄차카 원주민한테서 괴혈병의 치료법을 알아냈던 것이다. 또 쉬텔러는 캄차카 반도와 알류샨 열도와 다른 지역의 원주민들과 북아메리카 원주민의 문화와 사는 방식이 비슷하다는 것을 알아내고 북아메리카 원주민이 몽고족에서 기원했다는 것을 인류사상 처음으로 발견하였다.

캄차카와 쿠릴Kuril 열도뿐 아니라 알라스카와 알류샨 열도의 자연을 조사한 최초의 박물학자인 쉬텔러가 모아두었던 정보 덕분에 러시아 사냥꾼들이 캘리포니아까지 진출할 수 있었다(당시 스페인 선교사들도 캘리포니아에서 선교했다). 그는 비록 젊은 나이에 죽었지만 그의 이름은 쉬텔러 바다사자, 쉬텔러 어치, 쉬텔러 오리, 지금은 멸종된 쉬텔러 해우海牛처럼 그가 처음에 기록했던 동물들의 이름에 남아 있다.

러시아와 덴마크는 베링 사망 250주년인 1991년 합동으로 베링 섬을 탐험해 베링의 무덤을 찾아 유해를 발굴했다. 그들은 두개골을 바탕으로 베링의 얼굴을 복원했으며, 과거의 기록과 치아와 뼈를 연구해 베링이 과거에 알려진 대로 괴혈병으로 죽은 게 아니라 심장마비로 죽은 것으로 판단했다. 복원한 얼굴을 볼 때, 과거 베링으로 알려진 퉁퉁한 얼굴은 작가였던 그의 삼촌의 얼굴로 밝혀졌다. 베링의 얼굴은 모가 나고 아주 강한 인상이다. 덴마크야 변혁이 없어 그렇다 쳐도 러시아가 소련이 망한 혼란 속에서도 베링 섬을 탐험한 게 대단하다는 생각이 들었다.

원래는 오늘이 11일 일요일 8시여야 맞지만 10일 토요일 12시로 시간을 바꾸어 우리나라 시간보다 17시간 늦은 미국 알라스카 시간에 맞추었다. 그러나 그 1시간 전에 먹은 아침식사는 실제로는 점심과 마찬가지이다. "밤 10시경 저녁식사가 있다"라고 조리장이 말했지만 그다지 반갑지 않았다. 그 저녁을 먹으면 일찍 자도 밤 1, 2시에 자야 할 테고, 아무리 내일이 일요일이라지만 늦게 일어나는 것이 반갑지 않기 때문이었다.

이제부터 우리나라는 17시간 빠르니 이곳의 아침 8시 일과를 시작할 때가 서울은 다음 날 새벽 1시이며, 우리가 열어보게 되는 이메일은 그들이 쓰고 퇴근한 다음에 읽게 된다. 반대로 우리의 오후 4시는 서울의 경우 다음 날 오전 9시이니 일과를 시작할 때이다. 그러므로 우리가 새벽 1시까지 앉아 있어야 그들의 일과 시간과 일치되는 것이니 결코 가볍게 여길 일이 아니다.

12시 15분경 선교에서 항유고래를 보았는데, 그 고래는 처음으로 보았지만 항유고래라는 것을 금방 알아차릴 수 있었다. 다른 고래는 숨구멍이 머리 위의 가운데에 있어 물줄기가 머리 가운데서 솟아나지만, 항유고래는 다르다. 수면 위에 비스듬하게 내어놓은 머리끝의 왼쪽 앞으로 물을 비스듬하게 내뿜는다. 뭉툭한 머리와 어두운 벽돌 색

⚓ 7월 10일, 오랜만에 파란 하늘이 보였다.

깔만 보아도 향유고래임을 쉽게 알아볼 수 있었다. 향유고래를 알아보았다는 것이 오늘 최고의 수확이다! 향유고래를 포함한 모든 이빨 고래는 믿기 힘들지만 머리뼈가 대칭이 아니다. 진화하면서 머리뼈가 비대칭이 되었기 때문이다.

13일 오후 4시에 놈에 들어가기 위해 배가 부산히 움직이느라 기관음이 더 높아졌다. 배 앞쪽으로는 바다가 더 크게 갈라지고 뒤쪽에서는 물결이 더 세차게 솟아났다가 부서졌다. 배의 앞과 뒤쪽으로 하얀 물거품이 더 크게 일어났다. 이제는 달리기만 하면 된다. 한편, 저녁을 30분 일찍 먹는다는 방송이 나왔다. 평소처럼 점심을 먹은 지 5시간 반 만에 저녁을 먹으라는 뜻일 게다.

시간을 바꾸면서 하늘이 흐리고 오후 9시가 넘었는데도 여전히 훤했다. 북쪽으로 꽤 많이 올라왔으니 낮의 길이가 남쪽보다 상당히 길 것이다. 이런 경험은 북위 33~38°인 한반도에서는 할 수 없다. 한편 우리가 쓰는 시간이 동경 180° 지방시가 아니라 미국 서부지방의 표준시, 곧 서경 120°의 지방시이므로 그 영향도 있을 것이다. 곧 우리가 그 서쪽에 있으므로 해가 늦게 지고, 그만큼 늦게까지 밝다고 보아야 한다. 물론 아침에는 해가 늦게 뜬다. 그 정도는 동쪽으로 가면서 적어지겠지만, 지금은 아주 서쪽에 있어 그 효과가 대단히 크다.

바깥이 너무 밝아 잠을 이루기에는 힘들어 보이니 오늘은 미리 준비한 안대를 대고 잠자리에 누워야겠다.

7월 11일 일요일

자다가 깨어 시계를 보니 새벽 4시 반이었다. 30분 정도 더 자야겠다는 생각에 억지로 눈을 질끈 감고 이불을 끌어 덮었다. 눈을 떴을 때 바깥은 아직도 깜깜한 밤중이었다. 그런데 시계를 보니 6시 반! 일어날 시간이다.

식당에서 류 박사를 만났다. 그는 어젯밤 11시에 훤한 바다에 새까만 물새 1,000마리 정도가 앉아 있어 그 광경을 보라고 나에게 전화했다고 한다. 하지만 잠결에 전화 소리를 들었지만 야식을 먹으라는 전화로 생각하여 받지 않았다. 그의 말로는 새벽 2시까지 밖이 훤했다고 한다. 그러나 시간을 너무 많이 당겨서인지 오늘 아침은 아주 캄캄했다.

아침 8시가 조금 지나자 배는 베링 해 한가운데를 북동 방향으로 달리고 있었지만 동경 180°를 넘지 못했다. 목적지인 놈까지는 711해리로 도착 예정시간이 13일 12시 반경이니 모레 낮이면 닿는다. 인천을 떠난 지 13일 만에 예정대로 도착하는 셈이다. 안개 때문에 부산에서 몇 시간을 지체하고, 아르고 플로트를 내리느라 경로를 바꾼 것은 배에서는 대단한 일이 아니다. 그런 일들은 가면서 맞추면 된다. 한편 배는 북위 56°를 조금 넘었다.

아침 바다를 보러 나갔다가 추워서 서둘러 들어왔다. 며칠 전부터 보온복을 입었는데 오늘은 방풍복을 더 껴입었다. 기온은 어제와 비슷했지만 왠지 추운 게 싫었기 때문이다. 장갑도 끼어야겠다는 생각이 들었다.

어제만 해도 이상 없던 YTN 방송이 오늘은 화면조차 나타나지 않았다. 너무 멀어서일까? 아니면 고층대기 상태 때문일까? 아무튼 이런 때 성능 좋은 인공위성 수신 장치가 필요하다. 갑자기 YTN과 아리랑 방송이 잘 보이는 세종 기지의 장비가 대단하다는 생각이 들었다.

흔히 남극 기지의 고립과 외로움을 배에다 비교하지만, 기지가 배보다는 훨씬 낫다. 얼음이든 땅이든 갈 곳이 있고 움직일 수 있는 곳이 꽤 넓기 때문이다. 배는 그야말로 폐쇄된 공간이다. 아주 큰 배는 다르겠지만 7,500톤의 작지 않은 이 배조차도 마땅히 갈 곳이 없고, 선실 외에는 편안히 쉴 곳도 없다. 그런 점에서 선원들과 배를 타는 연구원들을 위한 특별 대우가 있어야 한다고 생각한다. 비록 그들이 자원해서 배를 탔다고는 하나 그렇다고 해서 특별한 대우를 하지 않아도 된다고 생각하는 것은 조금 지나친 생각이 아닐까? 그냥 이대로 내버려두어서는 안 된다. 하지만 정작 연구원들은 각자 할 일이 있고 배를 타봤자 얼마 타지 않기 때문에 불편함을 느껴도 일일이 말하지 않는다.

공연히 불평만 한다는 인상을 주기 때문일 것이다.

배에서 하는 생활은 단조롭고 재미는 조금 없을지 몰라도 대단히 집중할 수 있어 글을 쓰기에는 아주 적합하다. 사람이 많으면 점점 복잡해지겠지만 그렇다고 해도 크게 신경 쓸 정도는 아닐 것이다. 끊임없이 들리는 기관 소리는 소음보다는 단순한 배경 소리로 들린다. 글을 써본 사람은 잘 이해할 수 있겠지만, 글은 집중해야 잘 쓸 수 있고, 조용해야 집중할 수 있다.

이런저런 생각을 하느라 1시간 정도 침대에 누워 있었다. 배를 탄 이후 침대에 누워서 쉬기는 이번이 처음이다. 컨디션이 나빠진 탓일까? 그런데 아무리 생각해도 특별히 그럴 이유가 없다.

10시 반쯤 되자 백파가 많아졌고 해무가 끼었으며 차가운 바람이 불고 바다는 너울보다 파도에 가까웠다. 파고가 1m 정도는 되었다. 스톰페트렐이 보이고 200~300마리가량의 이름 모를 새들이 무리를 지어 날아다녔다. 스톰페트렐과 갈색, 흰색, 큰 새와 통통한 새를 포함한 4, 5종의 새가 보였다. 점잖은 무늬를 한 남극풀마를 닮은 연한 파란색처럼 보이는 회색의 새는 북극 풀마인가?

오늘 점심에는 버섯덮밥이 나왔다. 그런데 식당에는 몇 사람밖에 보이지 않았다. 일요일이니 먹지 않고 그냥 쉬겠다는 생각 때문일 것이다. 선원들도 보이지 않고 연구실도 비어 있는 곳이 눈에 띄었다. 이런 날이 없으면 배를 탄 매일매일이 똑같을지도 모른다.

12시 반, 승조원에게 본드를 판매한다는 방송이 나왔다. 지난번에도 들었던 기억이 있는 본드는 면세물품을 파는 것으로, 예를 들면 10갑에 2만 5,000원 하는 던힐을 1만 5,000원, 같은 가격의 말보로를 1만 6,000원에 판매한다. 국산 담배 디스플러스는 2만 2,000원짜리가 9,000원이다. 하이트 캔 맥주 24캔이 1만 2,600원이다. 그런데 배에 탄 선원 중 담배를 피우는 사람이 전체의 절반도 되지 않는다니 뜻밖이었다. 그만큼 담배가 몸에 좋지 않다는 것을 익히 알고 있기 때문일 것이다.

바닷물의 미생물을 걸러 모으는 연구원의 말로는 동해보다는 북서 태평양과 베링 해에서 더 많은 물질이 걸린다고 한다. 훨씬 적은 양의 물을 걸러도 적지 않은 양의 물질이 걸린다. 누르스름한 색깔로 보아 큰 변화가 없는 듯 보이지만, 연구실에서 분석하면 눈에는 보이지 않는 여러 가지 신기한 현상이 나타날 것이다.

파도와 바다의 여러 모습이 유난히 눈에 띈다. 파도와 바다는 출렁거리고 - 오르내리고 - 무너지고 - 올라가고 - 깨지고 - 내려앉고 - 솟아오르고 - 깊고 - 말없고 - 제자리에 있고 - 차고 - 모두를 감싼다. 파도는 겹치고 - 휘어지고 - 떨어지고 - 쓰러지고 - 출렁거리고 - 흔들리고 - 넓어지고 - 좁아지고 - 미끄러지고 - 까불고 - 퍼지고 - 사라지고 - 솟아오르고 - 높아지고 - 가라앉고 - 낮아지고 - 달아나고 - 따라가고 - 뛰어가고 - 약 올리고 - 혓바닥을 날름거린다.

해무가 심해져 - 안개가 가까이 오는 모습이 보여 - 흩어져서 - 부옇게 - 고르게 - 한발 한발 접근 - 해무의 앞쪽은 옅어도 뒤쪽은 완전히 부옇게 되어 아무것도 보이지 않아 - 배를 중심으로 타원형으로 둘러싸는 듯.

오후 1시 반경, 13.3해리의 속도로 북동 방향으로 달리는 배는 북위 57°에 가까이 왔고 동경 179°를 조금 넘었다. 그러나 고위도에서는 경

도 사이가 짧으므로 머지않아 180°를 넘을 것이다. 한편 바닷물은 수온
이 8.3℃에 염분은 33.1‰로 그렇게 짜지 않다.

오후 4시, 배는 북위 57°를 넘었고 동경 180°에서 12′이 모자랐다.
이 위도에서 경도 1′은 1해리보다 훨씬 짧지만 배는 비스듬하게 가므
로 실제 거리는 지도상 더 클 것이다. 하지만 동경 180°를 넘는 데 많
은 시간이 걸리지는 않는다(나중에 듣기로는 오후 4시 45분경 동경 180°를 넘어
섰다고 한다). 한편 수온은 8.8℃에 염분 32.9‰로, 수온은 높아졌어도
염분 함량은 상당히 낮아졌다. 해무는 걷혔다가 다시 끼어 또다시 수
평선이 보이지 않았다.

월드컵에서 스페인에게 1 대 0으로 패한 네덜란드가 어쩐지 안됐
다는 생각이 들었다. 네덜란드는 1974년과 1978년 2번이나 결승에 진
출했지만 그때도 우승하지 못했기 때문이다. 1978년 아르헨티나와 1
대 1이 되어 연장전에서 2점을 내주어 3 대 0으로 졌을 때는 프랑스에
서 공부하고 있던 때라 기억이 생생하다. 당시 보르도 I 대학교 기숙사
식당에서 그 중계방송을 보던 거의 모든 학생들이 네덜란드를 응원했
다. 그러나 아르헨티나가 골을 넣자 앞자리에 앉은 몇 사람이 뛸 듯이
기뻐하면서 환호성을 질렀다. 그들은 수가 적어 조용히 있다가 아르헨
티나가 골을 넣자 그제야 자기네들 세상을 만났던 것이다.

7시가 조금 지나자 배는 북위 58°에 가까이 갔고, 경도는 서경 178°
에서 12′ 모자랐다. 배가 서반구에 들어왔으니 이제부터는 경도가 적
어질 것이며 배가 동쪽으로 가니 저녁에는 어제보다 빨리 어두워지고
아침에는 오늘보다 일찍 밝아질 것이라고 생각할 수도 있다. 그러나
북쪽으로도 가기 때문에 그 효과는 작아질 것이다. 지금 계절이 여름

이므로 북쪽으로 갈수록 어두운 밤보다는 밝은 밤, 이른바 백야가 생긴다.

지구가 둥글고 배가 북쪽을 향해 갈수록 여러 가지 신기한 경험을 하게 되었다. 더구나 빠른 비행기로 동서 방향을 가로지르는 게 아니라, 느린 배로 북동 방향으로 가로지르면서 시간의 변화와 밤과 낮의 길이 변화와 일출과 일몰의 변화를 비롯하여 기온과 바다의 변화를 확실하게 느낀다. 잘 알다시피 남북 방향으로 종단하면 시간의 변화를 알기 어려울 것이다. 그림을 그리며 설명하면 금방 알 수 있는 내용이지만 직접 몸으로 겪으니 새삼 신기할 뿐이다.

기온은 6.1℃이고 수온은 9.0℃에 습도가 91%이니 해무가 생길 만하다. 해무는 수온이 높고 기온이 낮아, 바다에서 증발된 수증기가 바다 표면 근처의 공기 중에서 응결되어 생긴다. 기온은 태양열도 중요하지만 지면의 영향이 아주 크다. 예컨대, 지면에서 많이 반사하면 기온은 낮아진다. 이것이 얼음과 눈으로 덮인 남극의 기온이 북극보다 더 낮은 이유 중의 하나가 된다. 바닷물의 경우 반사도는 아주 낮아 7~8% 정도이다. 그러므로 수온이 많이 높아지는 대신 공기의 온도는 낮아지며, 그만큼 해무가 생길 가능성은 높아진다. 습도가 90%를 넘으면 거의 언제나 해무가 끼어 있는 것이나 마찬가지라고 기상연구소 류 박사가 자세히 설명해주었다. 그의 말로는 타이타닉^{Titanic}호도 북쪽 바다가 아니라 남쪽 바다로 왔더라면 바다에 해무가 덜 생겼을 것이고, 자연히 시야가 더 좋아 빙산에 부딪힐 가능성이 더 적었을 것이라고 했다. 빙산 역시 많이 녹아 더 작아졌을 것이고, 부딪혔더라도 그 여파가 그리 크지 않았을 것이다. 역시 기상학자다운 이야기이다.

11시 35분이 되어 잠자리에 들었다가 누군가 흔들어 깨우는 소리에 다시 일어났다. 황혼이 아름답다며 깨운 것이다. 서쪽 하늘에 꽤 높이 떠 있는 태양은 구름과 함께 아름다운 광경을 연출했다. 인천을 떠난 후로 처음 보는 황혼이다. 하지만 아름다움도 잠시 내일 일정을 위해 슬라이드로 몇 장 찍은 다음 곧바로 방으로 들어와 안대를 하고 이불을 끌어당겼다.

7월 12일 월요일

새벽 3시 15분, 눈을 뜨니 밖은 여전히 캄캄하고 조용한 기관음에 배가 가고 있는 건지 서 있는 건지 모를 정도였다. 배가 이처럼 흔들리지 않는다는 건 바다가 일렁임 없이 고요하다는 뜻이다. 다시 이불에 들어가 눈을 감고 누워 가수假睡를 취했다. 정신은 맑은 상태로 조용히 누웠다가 다시 시계를 보았을 때는 6시가 거의 다 되어가고 있었다. 자리에서 일어나려는데 머릿속이 맑고 가벼웠다. 가수가 실제로도 꽤 수면 효과가 있다는 말이 맞는 것 같다.

이틀을 쉬었다가 하는 운동이라 그런지 몸이 더 가볍고 상쾌해 40분이 후딱 지나갔다. 샤워를 하고 평소보다는 조금 늦게 식당으로 내려갔다. 그런데 기상청 사람들은 어제 황혼을 보고 늦게 잠들었는지 아무도 나오지 않았다. 새벽 1시 반쯤 되어서야 사위가 완전히 어두워졌다고 하니 그때쯤 잠이 들었다면 아침 7시에 주는 아침밥을 먹기는 힘들 것이다.

서울에서 13일 월요일에 몇 사람이 떠나고 15일에도 떠난다는 메일이 왔다. 문득 15일에 떠나는 사람은 놈에서는 묵지 않고 곧장 배를 타는지 궁금했다. 16일, 몇 시에 놈에 도착하는지는 몰라도 17일 출항에는 문제가 없어 보였다.

이곳에서 볼 수 있는 새 중에, 앞서 말했듯이 남극의 남극풀마와 비슷한 파란색이 감도는 회색에, 날개 무늬도 남극풀마를 닮은 새가 있다. 날갯짓을 하지 않고 하늘을 미끄러지는 것으로 보아 페트렐 계통으로 생각되지만 페트렐의 특징인 부리 위의 관이 잘 보이지 않았다. 또 날개 아래 면과 배가 하얀 것도 있고 날개 무늬보다는 전체가 약간 더 진한 색에 날개 끝의 아래 윗부분이 검은 새가 있으며, 나는 모습으로 보아 갈매기 계통이었다(귀국 후 조류학자 김정훈 박사는 날개 끝의 아랫부분이 검은 새의 이름이 '세가락갈매기'라고 알려주었다. 이 새는 4번째 발가락이 퇴화해 발가락이 3개여서 그런 이름이 붙었다고 한다).

9시 15분경 배는 북위 60°를 조금 지났고 서경 175°를 조금 지나 놈에 점점 가까이 가고 있었다. 수온은 8.5℃에 염분이 31.0‰이니 아주 덜 짠 편이었다. 7월의 베링 해가 이렇게 염분이 낮은 데에는 분명 이유가 있을 것이다. 유콘^{Yukon} 강 같은 큰 강이 흘러 들어오고, 눈에 덮인 해빙이 녹아 염분이 낮아졌을까? 기온이 7.7℃이니 어제저녁보다는 높았다.

비프스테이크를 점심으로 먹고 1시부터 2시 20분까지 '남극 세종 기지의 겨울'에 관한 이야기를 했다. 이 이야기는 6일에 했던 '남극과 우리나라'와는 달리 다행히 사진을 보여줄 수 있었다. 주로 겨울 풍경으로, 바다가 어는 광경과 얼어붙은 바다 위를 돌아다녔던 사진들을 보여주었다. 하지만 화면만으로는 실제 모습을 보았던 감격을 전달하지 못해 조금 안타까웠다. 강연을 들은 사람 중 하나가 "연구하는 장면이 필요하다"는 이야기를 했다. 그러고 보니 겨울 풍경만 보여주었지 연구하는 장면이 없다는 생각이 그제야 들었지만 어쩔 도리가 없었다.

배는 오후 4시 반경 북위 61°를 조금 지났고 서경 172°를 약간 지났다. 수온은 8.9℃에 염분이 30.7‰이고 기온은 6.6℃였다. 바다 상태는 크게 변하지 않았으나 기온이 상당히 낮아졌다. 하얀 파도가 일고 파고는 1~1.5m로 높아졌다.

7시가 조금 지나 배는 더 북동쪽으로 갔고 수온과 염분 함량은 비슷하지만 기온은 6.4℃로 계속해서 낮아졌다. 풍속 17.0m/s의 북풍이 불고 그 때문인지 파도는 1.5~2m로 높아졌다. 해는 하늘 높이 떠 있어 태양은 오늘도 어제보다 더 늦게 질 것 같다. 수평선에 평행하고 구름이 없는 공간이 커, 운이 좋으면 아름다운 황혼을 볼 수도 있을 것이다. 차가운 바람이 불자 일단 안으로 들어갔다.

9시가 지나 다시 선교로 올라가니 날씨가 아주 좋아 태양이 찬란히 빛나고 있었고, 태양빛을 흠뻑 받은 바닷물에 눈이 부셨다. 인천을 떠난 후로 이렇게 날씨가 좋았던 날은 없었던 것 같다. 수평선 위로는 수평선과 평행하게 구름이 있었지만 대단하지 않았다. 배가 세인트 로렌스St. Lawrence 섬의 남서쪽 70해리 떨어진 곳에 있으니 현재 속도로 가면 5시간 후, 새벽 2, 3시에 섬 근처를 지나가게 될 것이다. 기다리기에는 너무 멀다. 어두워서 섬을 못 보게 될지도 모르지만, 섬을 보기 위해 생활 리듬을 깨고 싶지는 않았다. 날씨가 좋으면 밤 12시경에는 먼발

치에서라도 볼 수 있을 것이다.

10시 반경 배는 북위 62°를 살짝 넘었다. 수온은 9.3℃에 염분은 31.4‰이고 기온은 6.1℃에 습도는 84.9%였다. 상대습도가 낮으니 해무가 생기기는 쉽지 않을 것이다.

11시경, 하늘에 걸린 태양으로 보아서는 황혼 같았다. 하늘에 떠 있는 태양은 제대로 바라볼 수 없을 만큼 찬란하지만 점차 저물어가는 태양은 덜하다. 붉어지고 커지고 눈도 한결 덜 부시다. 구름이 많지 않아 생각했던 것보다 아름다움이 덜했다. 방한복이 부실한지 몸이 가늘게 떨리며 한기가 들었다.

선교에 올라오니 김대영 이등항해사와 김홍귀 갑판원이 육지가 보인다고 했다. 정말 육지였다. 선명하게 보이지는 않지만 회색 능선이 보였다. 높은 곳만 보인 것이었겠지만 크고 작은 능선 4개가 보였다. 독도를 본 이후로 며칠 만에 처음 보는 땅이었다. 시간은 13일 새벽 1시 5분이었다. 1시 10분이 되었을 때, 배는 북위 62°26′, 서경 169°55′에서 북동 방향으로 달렸다. 수온은 9.1℃에 염분이 31.1‰이고 기온은 5.1℃에 상대습도는 84.8%였다. 바닷물은 여전히 염분 함량이 낮았고 기온은 더 떨어졌다.

서둘러 선교에서 내려와 새벽 1시 15분에 잠자리에 들었지만, 배를 탄 이후 황혼을 처음 보았고 오랜만에 땅을 본 것에 가슴이 벅찼다.

7월 13일 화요일

눈을 뜨니 7시 40분, 창밖이 훤하게 비쳤다. 어제 평소보다 늦게 잔 탓이었는지 중간에 한 번도 깨지 않고 푹 잤다. 늦게 잔 것에 비해 몸이 아주 가벼웠다. 아마도 바다 공기가 깨끗하기 때문일 것이다.

9시 25분쯤 내려간 식당에서 젊은 조리사와 함께 있던 조리장이 전자레인지에 데워준 팥빵 2개와 우유 2잔으로 아침밥을 대신했다. 조리장이 갑작스레 음식에 대한 문제점은 없냐고 묻기에 누군가 "대체로 아주 좋지만 아침식사가 너무 단조롭다"고 들었던 말이 떠올라 그대로 말했다(식단이 좋은 것은 사실이다!). 내 말을 수첩에 적는 것으로 보아 그가 음식은 물론 먹는 사람들의 말에 상당히 관심을 갖고 있다는 것을 알 수 있었다.

자주 보았던 세가락갈매기를 헬리콥터 덱에서 유심히 살펴보았다. 머리와 배는 하얀색이고, 날개 위는 진한 회색에, 날개 아래는 연한 회색이었다. 날개 끝의 아래와 위는 검은 삼각형이고, 부리는 노란색이었다. 꼬리 끝과 발은 검은색이고 몸길이가 약 25~30cm 정도 되었는데, 날개의 폭은 그 2배 정도 되었다. 그런데 자세히 보니 같은 새인데, 눈 뒤쪽이 하얀 새가 있고 검은 새가 있었다. 어미와 새끼의 차이라기보다는 암수의 차이로 생각되었는데, 검은 새가 수컷인 것 같았다. 도서실에서 빌려온 베링 해와 알류샨 열도에 관한 책에 그 새는 없었다(김정훈 박사는 눈 뒤쪽이 검은 새가 세가락갈매기의 새끼라고 알려주었다).

미국 땅에 들어오면서 배의 선교 위에 미국 기를 게양했다. 해운의 세계에서 통하는 일종의 예의일 것이다. 12시 반, 놈이 있는 수어드^{Seward} 반도가 멀리 보였다. 윌리엄 헨리 수어드^{Willian Henry Seward 1801~1872}가 미국 국무장관일 때, 알라스카를 러시아로부터 사들였다. 바다에는 나뭇가지들이 떠다녀 육지가 가까이 있다는 것을 알 수 있었다. 파르스름하게 보였지만 가까이 올수록 앞뒤의 산과 계곡 같은 지형의 모습이 더 분명히 드러났고, 점차 앞쪽 완만한 지형의 산 뒤에 있는 험악한 지형의 산들이 나타나며 또렷이 보였다. 짙푸른 색깔의 넓은 지역은 관목이나 풀숲으로 보였다. 검푸른 바다는 고요하고, 햇볕도 따뜻하고, 하늘엔 흰 구름이 떠 있어 배를 타고 있는 것이 마치 뱃놀이를 하고 있는 것처럼 생각될 정도였다.

무심코 바다를 보다가 바닷물 색깔이 현저하게 다른 것을 발견했다. 배 쪽은 검푸른 색에 뒤쪽은 초록색이었고 경계선은 아주 뚜렷했다. 배가 앞으로 나아가면서 경계선은 배의 움직임 때문은 아니었지만 흩어지며 지워져버렸다. 수심이 달라 그런 현상이 생겼을까? 아니면 물속의 미생물이 달라서일까?

배가 육지 가까이 다가가자 뒤쪽의 높고 험준한 산들이 더 분명히 보였다. 산들의 지면이 그대로 노출되었거나 바위가 깎인 것으로 보아 눈에 덮였다가 녹은 지역인 것 같았다. 온도가 낮고 높은 산이라면 충분히 그럴 수 있을 것이다. 가보지 않아도 황량하다는 것을 한눈에 알 수 있었다.

도시가 작아 공항이 가까이 있어서인지 빨간 중형 여객기가 시내 가까운 곳에서 이륙했다. 크기는 작아도 비행기들이 상당히 자주 이륙한다는 기분이 들 정도로 연달아 이륙했다. 한편 산꼭대기에 있는 큰 건물들은 레이더 기지를 철수한 흔적이라는 것을 나중에 들어서 알았다. 산 능선을 따라 서 있는 풍력발전기들은 전기를 얼마나 생산하는 걸까?

배가 점점 더 육지 가까이 가면서 시내가 분명하게 보이기 시작했다. 갈색, 노란색, 흰색, 회색, 연갈색 혹은 붉은색의 크고 작은 건물들과 길고 짧은 둥근 안테나가 보였다. 대부분의 건물들은 2층 정도로, 높이는 비슷비슷했고 교회의 삼각형 첨탑이 상당히 높았다. 책에서 보았던, 지금은 버려둔 사금을 채굴하는 장비도 보였는데, 그런 장비가 놓인 곳이 두어 곳 정도 눈에 들어왔다. 도시 뒤쪽으로 난 아주 먼 계

⚓ 오른쪽으로 놈 시내가 보이는 놈 서쪽 내륙의 황량한 지형.

곡에서부터 죽 훑어보니, 지대가 앞쪽은 낮지만 상당히 먼 곳까지 지면의 높이는 비슷했다. 주변을 둘러보다 보니 시내 공항 가까운 곳에 정체를 알 수 없는 커다란 탱크들이 있었는데 기름 탱크인가?

놈은 해안에 있는 평지를 따라 건설된 도시이다. 부두다운 부두도 없고 그나마 부두답게 보이는 구조물을 만드는 파란 배 1척이 여기 있는 배 가운데 가장 큰 배였다. 그래도 여기저기 컨테이너들이 있는 것을 보면 컨테이너를 올리고 내리는 데에 애를 먹지 않을지도 모른다는 생각이 들었다. 만약 컨테이너를 내리지 못한다면 문제가 커질 것이다. 적어도 알라스카의 항구로 가고 오려면 배와 비행기가 가장 좋은 교통수단일 테니 말이다.

오후 3시 50분, 작은 배가 오더니 여자 검열인 한 사람을 포함한 여섯 사람이 승선했다(놈 시장은 검열보다는 쇄빙선 입항에 환영 파티를 해주어야 하지 않나?). 놈이 생긴 이래 놈을 찾아온 이렇게 큰 쇄빙선은 1만 3,000톤의 중국 설룡호 다음일 것이다. 배에 있는 중국 사람의 말로는 설룡 호는 2008년 북극으로 가다가 놈에 사흘간 정박했으나, 승객들이 미국 비자가 없어 한 사람도 상륙하지 못했다고 한다. 덧붙여 그들이 미국 비자를 받는 것이 무척 까다롭고 어렵다고 했다. 이 이야기를 듣자 무언가 힘이 되는 이야기를 해주어야 할 것 같아, 중국 경제가 급속도로 성장하고 있으니, 머지않아 그런 문제가 원만히 해결될 거라고 말해주었다. 그러자 그도 조용히 머리를 끄덕였다.

검열은 당연히 서류심사와 간단한 질문 그리고 실제 조사로 구성되어 있을 것이다. 저녁을 먹고 올라오다가 만난 갑판장은 "오늘 저녁 7시까지 검열할 것"이라며 "말로는 괜찮을 것이라고 하지만 또 (검열단이)

⚓ 사금 채굴 장비.

⚓ 태극기
뒤로 보이는
놈 시내.

회의실에 들어갔다"며 말끝을 흐렸다. 검열단은 6시 25분 '화재 발생'과 '퇴선 경보' 같은 비상경보를 발령해 선원들의 움직임을 검열했다.

"퇴선 훈련! 전 승조원 갑판에 집합" 소리와 함께 요란한 경보음이 울려퍼졌다. 그러자 선원들은 우당탕 소리를 내며 황급히 구명복과 구명조끼를 들고 눈 깜짝할 사이에 뒤쪽 갑판에 모였고, 구명보트도 내리는 듯했다. 이 배를 관리하는 STX 회사에 소속된 배들이 2번씩이나 검열에 지적되어 1번 더 지적당하면 미국을 입항하지 못한다니 또 한 번 지적을 받아서는 안 된다.

'파도가 높아 운반선이 다니지 못해 내일 하선은 불가능하니 기다려야 한다'고 기상연구소 사람이 말했다(파도가 높아진 것은 사실이나 배가 다니지 못할 정도일까?). 그러나 얼마 안 있어 "(귀국하는 사람들은) 내일 쇄빙선에 있는 구명정으로 상륙시킬 테지만 장비는 하역시키기 곤란"하단다. 장비는 싣고 내리는 것이 쉽지 않아 그럼직하지만 귀국할 사람들은 어떻게 해서든지 내려주어야 한다.

알라스카 TV에서 조총 3발로 조의를 표하는 것으로 보아, (아프가니스탄 전장에서) 알라스카 출신 전사자가 생긴 것 같았다. 화면 속 카약을 타는 사람의 뒤 배경으로 보아, 낮에 보았던 초록색은 키가 작은 나무 숲이며, 수목생장한계선도 수백 미터로 높지 않았다. 여기도 비글 해협처럼 추운 곳이니 나무가 높은 곳에서 생장하지 못할 것이다.

인터넷이 대단히 느려져 첨부물을 받는 속도와 소요시간은 아예 표시도 되지 않았다. 고작 1만 6,635KB 문서를 받는 데 20분이 넘도록 수신되지 않아, 끝내 기다리지 못하고 중지시켰다. 그제야 '인터넷이 느리다'는 말이 크게 와 닿았다.

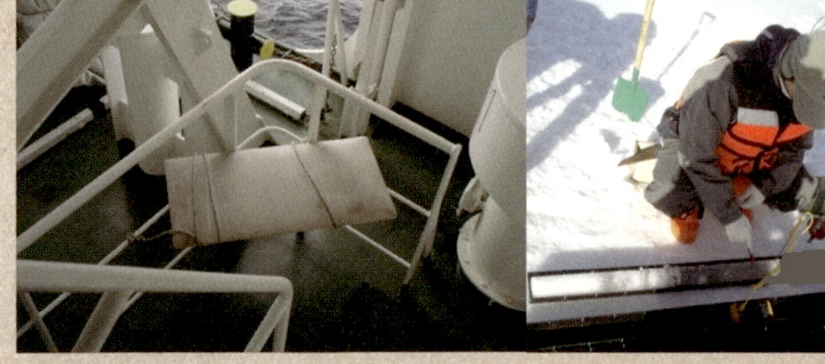

알래스카에는 화산 폭발 가능성이 있는 활화산을
포함하여 70개가 넘는 활화산이 있으며,
1912년에 폭발한 노바룹타 화산이
가장 격렬하게 폭발했다

놈 부근에는 농장이 전혀 보이지 않은 걸 보면
수산물 외에는 생산하는 식품이
하나도 없다고 보아야 한다

놈의 시내는 '황금 열풍이 지나간' 도시의 거리이다.
그러므로 황금이 발견되어 사람들이 몰려오기
시작한 이후 있었던 황금 열풍의 흔적이
군데군데 남아 있다

놈과 그 주변은

PART 2

7월 14일 수요일
~7월 16일 금요일

아침에 눈을 뜨니 오늘도 날씨가 흐릴 것 같았다. 곧바로 운동을 하러 나왔는데, 어쩐 일인지 처음으로 탁구대에 네트가 깔끔하게 쳐져 있었다(어제저녁에 누가 탁구를 치기 위해 쳐놓은 것일까?).

방송을 보는데 어제 생각했던 대로 아프가니스탄에서 미군 3명이 전사했고, 뉴욕 양키즈 구단주가 죽었다는 보도가 흘러 나왔다. 구단주 사망을 보도하면서 아나운서가 "(선수들의) 연봉이 보장되기를 바란다"는 말을 했는데 역시 미국답다는 생각이 들었다.

아침을 먹은 뒤 남은 음식물을 버리려는데 음식물 담는 통에 '사용 후 뚜껑을 닫자'는 글귀가 보였다. 처음 보는 글귀였는데 그러고 보니 탁구대 네트도 모두가 검열에 대비한 결과라는 생각이 불현듯 들었다. 검열단은 그런 것 하나하나도 빠짐없이 점검할 것이다. 한편, 배는 놈의 해안에서 1.1마일 떨어져 북위 64°29′, 서경 165°25′, 수심 8.4m

위치에 정박했다.

안개가 낀 곳은 기분도 덩달아 차분히 가라앉게 만드는 도시이다. 하늘이 흐려서인지 해가 일찍 뜨는 여름인데도 늦게 일어나는 것처럼 보였다. 미국다운 활기가 보이지 않는 것을 보니 역시 시골이었다. 그래도 9시가 지나 안개가 조금씩 걷히면서 한결 산뜻하게 보였다.

신문이나 은행 사이트는 모니터에 상당히 빨리 뜨지만 연구소의 메일은 그렇게 빠르지 않았다. 그렇다면 인터넷 속도가 그토록 느린 것은 시설과 장비 문제일까? 그럴 수도 있겠지만, 연구소의 그런 것들이 그렇게 느리지는 않을 터인데, 정말 모를 일이었다.

여권을 받아 보니 미국에 입국한 입국 증서가 끼어 있었고, 입국 도장도 찍혀 있었다. 그들은 내 얼굴과 여권 사진도 대조하지 않고 나도 모르는 사이에 나를 미국에 입국시켰고, 체류기간도 6개월을 주어 2011년 1월 12일까지 머무를 수 있게 해주었다. 미국 법무성 관리는 선장을 믿고 도장을 찍었을 것이다. 이런 걸 보면 미국은 역시 상대방을 신뢰하는 나라라는 생각이 들었다.

9시 40분부터 하선 준비를 마치고 기다렸으나 이런저런 이유로 하선은 늦어졌고 예상과 달리 점심도 배에서 먹게 되었다. 마침내 오후 4시가 지나 작은 어선이 짐을 잔뜩 싣고 왔다. 짐의 대부분은 식료품으로, 살아 있는 킹크랩들과 우유, 양파, 식빵과 포도, 멜론 같은 각종 과일이었다. 짐을 올리는 사람들과 받는 사람들이 부지런히 움직였다. 재료가 많으니 오늘 저녁은 푸짐할 것이고 요리사도 덩달아 기분이 좋을 것이다.

식품을 싣고 왔던 배는 킹크랩을 잡는 배로, 이름이 '줄리아나

3 *Juliana Ⅲ*호'였다. 우리는 이 배를 타고 육지에 내릴 수 있었다. 선장은 78세의 하워드 팰리 Howard Farley 씨이고 배 이름과 같은 줄리아나는 그의 부인으로 68세였다. 슬하에 아들 넷, 딸 여섯을 두었는데 이중 선장인 두 아들이 그와 함께 어선회사를 차렸으며, 자신을 제독이라고 소개했다(맞는 말이다. 선장, 캡틴 Captain은 해군대령이니 그는 제독이다). 게만 잡아 연 15만 불을 벌며, 그저께도 킹크랩 1,600파운드를 잡았다고 한다. 핼리벗 1파운드에 3.5불이라며 입가에 미소를 짓던 그는 연 2만 파운드의 핼리벗을 잡는다. 여름에는 열심히 일하고 겨울에는 개썰매를 타거나 앵커리지나 시애틀에 있는 딸의 집에 가기도 한다고 했다. 50년 전 황금의 도시 놈에 와 어부가 되고, 가족과 함께 하루하루 착실하게 살아가는 미국인이다.

놈에서 뜻밖에도 극지연구소의 채남이 박사를 만났다. 채 박사를 포함한 이유경 박사의 식물연구팀은 서울대학교 자연과학대학 생물과학연구부 이은주 교수팀과 농업생명과학대학 응용생물화학부 노희명 교수팀과 함께 며칠 전 놈에 와서 지구온난현상에 따른 토양과 식물의 반응을 연구할 자리를 찾고 있었다.

15일은 이 박사팀과 함께 다니며 크게는 알라스카, 작게는 수어드 반도의 내륙을 자세히 살펴보았다. 더 자세히 말하면 놈의 동쪽에 있는 '자갈길'을 따라 동네

⚓ 쇄빙선에서 놈으로 내려준 킹크랩잡이 배
'줄리아나 3호'의 하워드 팰리 선장.

카운슬^{Council}이 보이는 곳까지 북쪽으로 갔으며, 놈에서 북쪽으로 뻗은 '자갈길'인 놈-테일러 하이웨이^{Nome-Taylor Highway}의 거의 끝까지 가 보았다. '자갈길'이라고 강조하는 것은 글자 그대로 자갈을 깐 길이기 때문이다.

우리가 찾아간 곳은 아름답고 신비한 대자연에 인간의 흔적이 아주 약간 남아 있는 곳이었다. 아름답다고 표현한 것은, 인간의 개발 흔적이 거의 없어 자연 그대로의 아름다움이 무언지 여실히 보여주고 있기 때문이다. 아래는 푸른 늪지이고 위로 올라가면서 진초록의 관목이 많아지고 골짜기를 따라 흙이 생겨 싱싱한 초록색을 자랑한다. 풀이나 관목이 자라는 곳에는 작지만 아름답고 처음 보는 들풀이 피어 있고 바닥이 푹신푹신해 발이 부드럽게 빠져서 걷기가 힘들었다. 낮은 곳에는 늪도 있었지만 '연어 호수^{Salmon Lake}'처럼 아름답고 넓은 호수도 있었다. 낮은 곳을 따라 구불구불 흐르는 강도 있지만 높은 곳이거나 경사가 아주 급한 바위 비탈면에는 풀은 고사하고 지의류 한 점 없다고 생각되는 바위산이었다. 상상컨대 겨울에는 눈이나 얼음으로 덮이고 여름에는 이 얼음이 녹아 표면이 모두 깎여나가 흙 한 점 없어 수분이 있을 리 없고, 따라서 지의류라도 자라지 못하고 다만 바위만 신선한 자신의 색을 보여줄 뿐인 것 같았다.

신비하다는 말은 수목, 주로 관목과 풀의 분포가 우리의 상식으로는 설명할 수 없다는 점이다. 설혹 가설을 제시할 수는 있어도 신비하기는 마찬가지이다. 처음 카운슬로 가다가 높이 1,500피트라는 표지판 부근에서 보았던 건너편 산의 특이한 모양의 식생에 대한 가설은 세울 수 있다. 곧 자갈이나 모래가 경사진 곳에서 흘러내린 곳의 변두리를

따라 아래로 불룩하게 휘어진 식생은 상당히 오래전에 흘러내렸던 빙퇴석의 분포를 따랐다는 생각이 들었다. 자갈과 모래와 진흙으로 된 빙퇴석에는 수분이 함유되어 있으니 식물이 자랄 수 있을 것이다. 반면 놈-테일러 하이웨이를 따라가다가 본 곳은, 불룩한 곳의 아래에는 그런 식생이 없었지만 바로 연결된 그 옆에는 그런 지형이 있었다. 그것은 바위의 차이로 보인다. 곧 불룩한 곳의 아래는 경사가 급해 빙퇴석이 몽땅 다 흘러내렸거나 조금 남아 있어도 풀이 자라기에 충분한 양의 흙이 없을 수도 있다. 카운슬로 가다가 본 가문비나무가 점점 많아지는 것도 설명이 되겠지만 이 역시 신비하다. 또 키 작은 자작나무와 작은 가문비나무들과 장미과의 작은 딸기도 마냥 신기했다.

길에서는 주먹 크기만 한 연갈색 쥐가 눈에 많이 띄었다. 사람이 무서운 줄 모르는지 쥐는 놀라면 달아나기보다는 꼬리를 세우고 쳐다보거나 멀뚱히 서서 돌아보았다. 또 회색털이 섞인 토끼는 우리나라 토끼보다 약간 작았다(새끼인가?). 길을 따라 도망가던 어린 순록은 다행히 길을 벗어나 산으로 달아났다. 또 예쁜 여우도 만났다. 반면 이 부근에 서식한다는 갈색 곰이나 늑대를 보지 못한 것은 정말 다행한 일이었다. 멀리 있는 것을 본다면 좋은 구경감이었겠지만 가까이 있거나 심지어 곰이 배가 고픈 상태라면 목숨을 내어놓고 대결할 상대가 될지도 모를 일이니 말이다.

시내의 도로를 빼고는 모두 자갈길에 비포장이었다. 겨우내 얼었던 길은 봄이 되어 녹으면서 울퉁불퉁해진다고 한다. 지면 가까운 땅이 얼 정도로 추운 알라스카에서는 피할 수 없는 현상 중 하나일 것이다. 때문에 포장으로는 울퉁불퉁해진 길을 반듯하게 만들 수 없을뿐더러 예산도 많이 들어 대신 자갈로 메운다고 한다. 그래서 그런지 길 주변의 돌과는 너무 다른 화산암 조각들로 덮인 길도 보였다. 그래도 시내는 땅을 깊게 파거나 여러 가지 방법을 동원하여 얼고 녹는 현상을 최대한 피하여 포장한 것 같았다.

도로 문제도 그렇지만 놈에는 세단과 같은 승용차가 없다는 것도 이해되었다. 그런 고급차를 운행하기에는 길이 너무 좋지 않기 때문이다. 그러므로 자동차로는 주로 픽업트럭이나 15인승 밴이 많았으며, SUV도 그렇게 많지 않았다. 또 눈

⚓ 사륜자동차.

이나 모래밭에서 잘 달리는 작고 다부지게 생긴 사륜자동차가 눈에 많이 띄었다. 가끔 보이는 집 앞에는 눈밭을 달리기에 좋은 스키두가 있는 것으로 보아, 이곳의 상황이 금방 이해되었다.

인간의 흔적이 남아 있다고 한 것은, 놈 시내도 마찬가지이지만 상당히 내륙으로 들어간 강을 따라서도 모래를 퍼 올렸던 버킷을 연결했던 채굴 장비, 불도저, 기중기 같은 장비들과 광부들의 숙소들이 유령 마을처럼 군데군데 남아 있기 때문이었다. 헌데 새로운 채굴업자가 나타나 불도저로 풀을 벗겨냈다고 한다. "5년 예정으로 이 일대를 모조리 걷어내겠다"고 나선 이 업자는 투자한 돈을 회수할 자신이 있으니 그렇게 말했을 것이다. 사실 요새처럼 국제 금값이 비싸다면 해볼 만한 일이지 않을까. 어쨌든 실제로 최근 놈에서는 금을 캐려는 개인이

⚓ 지금은 버려진 사금 채굴 장비. 왼쪽 끝에 보이는 버킷들로 모래와 자갈을 퍼서 일었다.

나 회사가 부쩍 늘어났다고 한다.

우리나라에서 가져온 햇반에 라면, 김, 꽁치 통조림, 참치 캔 같은 반찬에 이곳에서 산 식품으로 아침을 든든히 먹고 9시경 숙소를 나섰다. 2시간 가까이 운전하여 현장에 도착했는데, 모기가 많아 꿀을 채집할 때 쓰는 망으로 된 모자와 손에 감는 모기퇴치밴드, 바르거나 뿌리는 액체를 준비해야 조금이라도 덜 고생할 수 있다고 했다. 아침을 먹은 지 얼마 안 되었는데 금세 배 속이 출출했다. 사람들은 다시 점심을 차리기 위해 분주히 움직였다. 숯불을 피워 물을 끓이고, 아침과 비슷한 메뉴로 점심을 준비했다. 점심을 먹고 나서 낮이 길어 어두운 줄 모르고 일하다가 바나나를 참으로 나누어 먹은 뒤 저녁 9시가 넘어 식당으로 돌아왔다. 저녁이 되어서야 밥다운 밥을 먹으니 그제야 기분이 흡족해졌다.

곁에서 보니 이유경, 채남이 박사팀은 놈의 낮이 길어 무리하는 것 같았다. 어두워야 일을 끝낼 터인데 어둡지가 않기 때문이다. 또 공기가 좋아 조금 덜 피곤한 느낌은 들겠지만 무리하는 것은 피해야 한다. 그들은 전날 했던 일을 노트북으로 보여주며 다음 날 해야 할 일을 계획하고 지시했다. 젊은 사람들이 귀찮은 일도 스스로 나서서 하고 불평하지 않는 것은, 두 여자 박사의 고생을 알기 때문일 것이다.

채 박사는 아침에 남자라고, 나이가 많다고, 교수라고, 연구소에 먼저 들어왔다는 것을 내세워 일찍 일어났음에도 일제히 탁자에 둘러앉아서 아침 해주기만을 기다리는 남자들에게 불평 한 마디 하지 않고 아침을 차려주었다. 남자들이 한 일이라고는 가까운 방을 열어주어 전자레인지를 쓸 수 있게 해주고, 물과 갑 티슈를 내어놓는 정도였다. 한편 이 박사는 필요하면 여기저기에 전화를 하고, 직접 찾아가 설명하고, 허가를 받고, 부족하고 필요한 것들을 꼼꼼히 메모하였다. 그러면서도 이 두 여자는 SCI 논문 걱정을 하고 있었다. 이 모습을 지켜보며, 똑똑한 두 여자가 이 조사와 연구를 총괄한다는 게 내심 믿음직스러웠다. 그러고 보면 우리나라 여자들은 정말 똑똑하다!

나중에 배에서 들은 이야기인데, 쇄빙선의 선원이 육지에 내려와 음식점에서 햄버거를 사려고 하자, 옆에 있던 이유경 박사가 그가 짐을 들어준 것이 고맙다며 피자를 몇 판이나 사서 주었다고 한다. 당시 배에는 30명 정도의 사람이 있었는데 말이다.

연구책임자인 이방용 박사는 서두르지 않고 연구에 참가하는 사람들을 격려해주었고, 함석현 사장도 통신 문제 때문에 이 연구에 참가하면서 운전도 하고, 그의 취미인 색소폰 연주도 들려주었다. 고등학교 때 기악 합주반이었다던 함 사장은 오래전 남극에 왔을 때는 클라리넷을 불었고, 최근에는 색소폰을 배웠다고 한다. 음악에 소질이 있어 가끔 그가 사는 동네인 경기도 안산에서 혼자 사는 노인들을 위해 색소폰 연주도 곧잘 해준다고 하니 참 대단하다.

이맘때면, 이곳은 모기를 쫓는 일이 아주 시급해진다고 한다. 시내에서도 마찬가지지만 풀밭에서는 모기가 극성이었다. 다행히 우리는 꿀을 채취할 때 쓰는 망으로 된 모자를 준비했고, 지오북의 황영심 사장처럼 대부분의 사람들이 손등이나 목에 바르는 액체를 준비해두었기 때문에 큰 문제가 없었다. 손등에 앉는 모기를 일일이 때려서 잡는다거나 쫓아 보낸다는 생각은 처음부터 아예 해서는 안 된다. 혹시 이곳을 포함하여 북극 육상지방으로 가는 사람들은 모기에 대한 대비를

⚓ 총알 자국이 뚜렷한 도로표지판. ⓒ지오북 황영심 사장

철저히 해야 할 것이다. 언젠가 황금을 찾으러 오는 사람들도 꿀을 채집할 때 쓰는 모자와 비슷한 것을 쓴 것을 사진에서 본 기억이 있다. 그나마 다행인 것은 이곳 모기는 말라리아를 전염시키지 않는다는 것이다.

또 하나 특이한 것은, 여기도 미국 본토의 시골처럼 시내는 조금 덜했지만, 시내만 벗어나면 다리 이름을 포함한 도로표지판 대부분이 총알의 흔적 때문에 글을 읽지 못할 정도라는 점이었다. 많은 사람들이 총을 가지고 있어서 표지판이 좋은 목표가 되기 때문이다. 화력이 약한 총알은 표지판의 페인트를 벗겨내거나 찌그러뜨렸고 강한 총알은 표지판에 아예 구멍을 내었다. 언젠가 『내셔널 지오그래픽』 잡지에서 사진으로 본 적은 있었지만 실물을 보는 것은 이번이 처음이었다. 200년 전 인디언을 도살하면서 세운 나라의 후손답다.

놈에 살고 있는 주민 2,500명 가운데 원주민은 4분의 3이 넘는다고 한다. 어른, 아이, 남자, 여자를 불문하고 원주민들의 이목구비는 모두가 동양 사람의 모습이다. 사람들은 주로 어두운 색의 옷을 입고 있었는데 밝은 색깔의 옷을 갖춰 입을 만한 특별한 행사가 없어서인 것은 아닌지 생각되었다. 옷의 색깔뿐 아니라 길거리를 오가는 사람들의 행색으로 보아, 이곳 사람들의 생활이 그리 넉넉해 보이지는 않았다(같은 동양인끼리 측은한 느낌이 들었다).

식물연구팀은 미국에서 30년, 그중 놈에서 11년째 살고 있는 이열 목사에게 여러 가지 신세를 졌다. 그는 멀고 험한 산길도 마다하지 않고 운전도 해주고 안내도 해주며 이곳 물정을 잘 알아 이것저것 많이 도와주었다. 같은 민족이니 더욱 반가웠을 것이고 더구나 낯선 곳에서 그것도 여자들이 무언가를 열심히 한다고 하니 올바른 생각을 가진 우리나라 남자라면 누구라도 비슷한 행동을 했을 것이다. 하지만 직업이 직업이니만큼 목사로서 일종의 사명의식을 가지고 있었던 것은 아닌가 생각되었다. 게다가 이유경 박사는 독실한 기독교 신자이다.

이열 목사로부터 이것저것 이곳 주민들에 대한 이야기를 많이 들을 수 있었다. 그중 이곳 원주민들은 먹고사는 것만 알고 돈을 벌어 생활 여건을 지금보다 낫게 만들겠다는 의지 없이 막연히 백인에게 의존한다는 말을 들었는데, 내심 아주 안타까웠다. 조상이 해왔던 대로만 해도 살아갈 수야 있겠지만, 조금만 더 노력하면 그만큼 생활의 질이 나아질 수 있는데도 아무런 노력도 하지 않는다고 한다. 사정이 이렇다 보니 돈은 주로 백인들이 번다. 몇 년 전만 해도 돈이 굴러다녔으나 영악한 미국 본토 사람들이 들어오면서 원주민들이 돈을 벌 기회는 많이 사라졌다. 더러 술 취한 젊은 원주민이 눈에 띄는 것으로 보아, 이누이트들이 생활비를 보조 받아 알코올중독이 된다는 게 빈말이 아니라는 것을 알 수 있었다. 이 목사는 이런저런 이야기를 들려주다 자신이 이곳에서 하고 있는 일에 대한 이야기를 해주었다. 주로 감옥에 있는 죄수들을 교화시키는 목회를 한다는 이 목사는 전날 모임에 150명 정도의 죄수 가운데 60명 정도가 설교를 들으러 왔다며 흡족한 표정을 지었다.

이 목사의 말로는 알라스카의 가장 북쪽인 포인트 배로우^{Point Barrow}에는 교민이 50명 정도 있으며 주로 음식점을 운영하고 있다고 한다. 그 도시의 주민은 5,000명 정도이며, 그곳에서 사는 원주민들에게는 석유회사가 생활보조비를 적지 않게 주어 경제가 놈보다 더 활발하다고 한다. 놈도 그렇지만 포인트 배로우라는 이름은 초등학교 혹은 중학교 1학년 때 들어본 적이 있는 것도 같아 낯설지 않게 여겨졌다. 한편, 나무다운 나무가 없는 이곳 바닷가에 흩어져 있는 큰 통나무들은 주로 캐나다에서 가져온다고 한다(그렇다면 통나무들의 운반 경로를 알면 해류를 알 수 있을 것이다).

이곳이 워낙 오지라서 그런지 관광객은 거의 찾아볼 수 없었다. 외지인이라 생각되는 사람들은 모두 돈을 벌기 위해 찾아든 사람들로 보였다. 그렇다고 그런 사람들로 북적거리는 것도 아니었다. 놈은 아주 한적한 미국 오지이고, 시골 어촌이다.

한편, 이곳에서 가장 좋은 호텔인 오로라 호텔은 원주민 협동센터 같은 기관이 운영하고 있지만 관리인은 백인이다. 아마도 원주민의 성

격이나 생활방식으로는 호텔 경영이나 관리에 한계를 느끼기 때문으로 생각된다. 어쨌든 호텔은 아주 깨끗하고 고급스러웠다.

이 목사가 안내해준 수산시장에서 킹크랩을 제대로 구경했는데 함께 간 김동엽 박사는 게를 설명해주었다(김 박사와 이찬우 팀장은 쇄빙선이 무사히 출항할 수 있도록 도움을 주기 위해 한국에서 출장을 왔다). 그는 게와 새우는 다리가 10개이며, 8개처럼 보이는 킹크랩은 다리 2개가 퇴화한 것이라고 말했다(책에서 보면 다리가 10개인 작은 킹크랩도 마지막 다리 2개는 너무 작아 쓸모가 없어 보였다!). 그런 사실을 모르고 책만 본다면 누구나 큰 킹크랩은 다리가 8개라고 했을 것이다. 김 박사의 말로는 심지어 수산학을 전공한 어느 교수도 잘못 알고 있었다고 한다. 여기에서도 킹크랩 암컷과 작은 킹크랩은 잡지 않고 놓아주며 금렵기간이 있을 것이다. 칠레도 그러니 미국도 그렇다고 보아야 한다.

여기에서도 갯가재가 가장 비쌌는데, 갯가재의 허리 부분 1파운드에 24불 99센트인 것을 보니 여기 사람들도 갯가재를 무척이나 좋아하나 보다. 반면 오징어가 제일 쌌는데, 1kg에 11불이었다. 연어와 틸라피아의 살을 발라놓은 것도 값이 상당히 싸, 1파운드에 5불 99센트였다(연어는 너무 흔해서 싼가?) 핼리벗 살 1파운드에 10불 99센트, 좀 싼 부분이 7불 99센트이니, 앞서 말한 팰리 선장이 잡아온 핼리벗 1파운드를 3불 50센트에 사서, 팔지 못하는 이 부분 저 부분을 빼고 상인 인건비와 이윤을 합쳐도 어부에게는 아주 적은 이윤이 남는다는 생각이 들었다(1차 생산자가 대접을 못 받는 것은 미국도 마찬가지인가?). 삶은 킹크랩이 살아 있는 킹크랩보다 훨씬 비싼 이유가 삶는 노동비가 더해졌기 때문인 것인지 자못 궁금했다.

수산물 가격표 옆에는 2009년인지 몰라도 가장 큰 핼리벗을 잡은 사람의 사진이 나붙어 있었다. 그 사람 옆에 매달린 핼리벗의 크기는 2.3m 정도에 폭은 1.5m는 됨직했다. 가자미 계통인 핼리벗은 베링 해의 바닷물이 차서인지 거대하게 성장한다.

이유경 박사가 저녁에 먹을 살아 있는 킹크랩 170불어치 22.5파운드를 사자, 상점 주인으로 보이는 30대의 아주 통통한 원주민 여인은 신이 나서 연신 싱글벙글했다. 그도 그럴 것이다. 이 목사를 빼고는 처음 보는 동양 사람들이 나타나 살아 있는 킹크랩을 7마리나 사니 어찌 즐겁지 않겠는가?

식물연구팀들은 오늘 비가 와서 알라스카 풀밭에서 고생은 좀 하겠지만 이 박사의 따뜻한 마음 씀씀이에 아주 맛있는 저녁을 먹을 수 있을 것이다. 맛있게 저녁을 먹을 젊은 그들의 표정이 머릿속에 살며시

⚓ 놈 수산물 시장의 가격표.

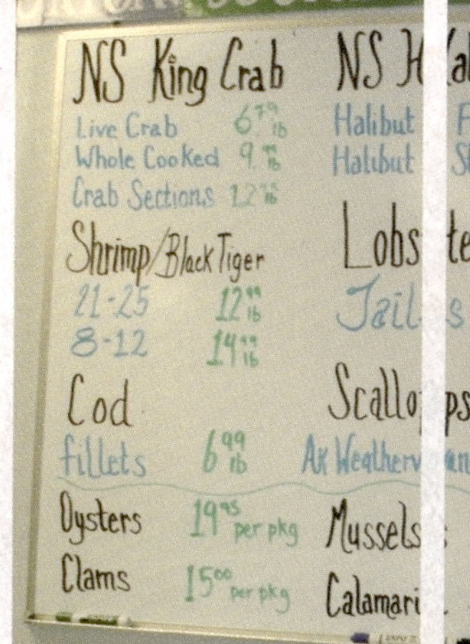
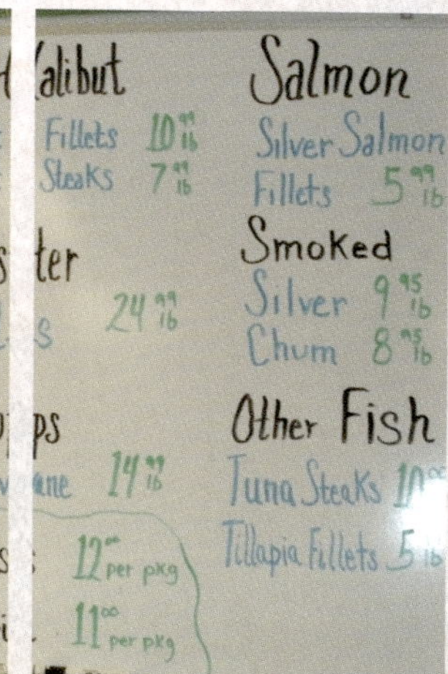
NS King Crab
Live Crab 6 79/lb
Whole Cooked 9 /lb
Crab Sections 12 /lb
Shrimp/Black Tiger
21-25 12 99/lb
8-12 14 99/lb
Cod
fillets 6 99/lb
Oysters 19 95 per pkg
Clams 15 00 per pkg

NS Halibut
Halibut Fillets 10 99/lb
Halibut Steaks 7 99/lb
Lobster
Tails 24 99/lb
Scallops
Ak Weathervane 14 99/lb
Mussels 12 00 per pkg
Calamari 11 00 per pkg

Salmon
Silver Salmon
Fillets 5 99/lb
Smoked
Silver 9 95/lb
Chum 8 95/lb
Other Fish
Tuna Steaks 10 00
Tillapia Fillets 5 95/lb

⚓ 수산시장에서 낯선 동양인이
킹크랩을 많이 사자
가게 주인인 원주민 여자는
신이 났다.

NOME CITY HALL
END OF IDITAROD SLED DOG RACE
DEXTER

⚓ 놈 시청으로, 이디타로드 경주의 종점.

그려졌다. 순간, 이 박사 일행이 저녁을 먹는 단골 음식점인 밀라노 피자집 주인아주머니의 밝은 얼굴도 떠올랐다.

놈 시청 당국에서는 도시의 개발을 촉진시키기 위해서인지 사금 채굴을 하기 위한 특별한 허가는 없고, 누구라도 광권을 가진 사람에게 일정한 조광료를 내고 채굴할 수 있고, 법에 정해진 세금만 내면 된다고 한다. 꼭 그래서는 아니겠지만 놀랍게도 놈 시내 앞바다를 파내는 업자 수십 명 가운데 한국 사람도 두 팀이나 있다고 한다. 작은 코카콜라 병 정도의 사금을 모으면 그 값이 자그마치 10만 불, 우리나라 돈으로 대략 1억 2,000만 원이다! 발전기 연료에 생활비에 인건비가 적지 않겠지만 그래도 이 정도 소득이라면 괜찮은 편이다. 물론 운도 따라야겠지만 여름 한 계절 열심히 일하면 개인도 그 정도는 모을 수 있다고 한다. 바다에서 하는 채굴작업은 잠수부를 동원해야 하며 하루에 서너 시간 일한다. 놈의 앞바다를 포함한 베링 해는 10월부터 다음 해 5월까지는 1m 두께로 얼어 여름에만 일을 할 수 있다.

1899년 1온스에 20불이었던 금은 지금은 국제 시세가 1,400불을 넘어섰다. 그러나 당시 1부에 50센트였던 「놈 너겟^{The Nome Nugget}」이라는 신문은 지금도 50센트이다. 당시에는 발행 부수가 적어 비쌌겠지만, 지금은 부수를 많이 발간하고 광고를 모으고 인쇄기술도 발전되어 111년 전의 가격으로도 경영이 되는 것이라 생각한다. 이 신문은 알라스카에서 가장 오래된 신문으로, 놈에서 일었던 황금 열풍을 간접으로 보여준다.

헬리콥터회사는 관광, 하이킹, 야생동물 관찰, 새 관찰, 낚시, 야생 열매 채취, 사진촬영에 헬리콥터를 이용하라고 광고하며 지질학자와 측량기술자에게는 특별 서비스를 한다. 그러고 보니 대학원에 다닐 때 들었던, 미국에서는 헬리콥터를 타고 지질을 조사한다는 말이 떠올랐다. 승객이 4명 정도 앉을 수 있는 헬리콥터이니 아주 작은 헬리콥터이다. 비용을 따로 말하지 않는 것으로 보아 거리, 위치, 지형이나 빌리는 시간에 따라 다르기 때문일 것이다.

놈에 있는 유일한 슈퍼마켓으로 보이는 카르스Carrs의 광고지에서 본 물가는 딸기 4파운드에 6.99불, 블루베리 1파인트(550cc)에 4.99불, 옥수수 1개에 99센트, 멜론 1개에 3.99불, 양파와 토마토는 1파운드에 각각 1.99불, 3.49불이었다. 쇠고기 등심과 돼지고기 어깨 부위는 1파운드에 각각 4.99불과 3.29불이었고, 모두가 미국 본토에서 가져오는 것 같았다. 그래도 딸기 4파운드, 곧 1.8kg에 6.99불이면 우리나라 돈으로 8,000원 정도라 맛이 어떤지는 몰라도 비싸지 않고, 쇠고기와 돼지고기는 우리나라 고깃값과 비교했을 때 아주 싼 편이었다.

놈 부근에는 농장이 전혀 보이지 않는 걸 보면 수산물 외에는 생산하는 식품이 하나도 없다고 보아야 한다. 그래도 블루베리를 비롯한 몇 가지 열매식물은 생장해 이누이트들은 그 열매를 따 술을 담기도 하고 팔기도 한다는 말을 나중에 들었다. 블루베리는 잘 알려진 것처럼 아주 좋은 항산화 식품으로, 수입되다가 최근 우리나라에서도 재배되는데 아직은 비싸게 팔린다. 또한 패어뱅크스에 있는 알라스카대학교에서는 '알라스카 보리' 라는 곡식을 시험 삼아 재배했고, 감자와 당근 같은 채소는 여름에 꽤 잘된다고 한다. 그러나 최근 무슨 이유 때문인지 알라스카 보리는 재배를 그만두었다고 한다. 알라스카의 저온에 견뎌, 한여름에만 생장하는 곡류나 양파 같은 채소만 성공한다면, 대단한 일일 것이다. 또 알라스카 주에서는 미국 들소를 들여와 시험 삼아 사육하지만 현재는 시험단계에만 머물러 있다고 한다. 그보다는 이미 알라스카 풍토에 적응한 무스 같은 동물들을 제대로 사육하는 것이 훨씬 빠를 것으로 보이지만 야생이라 쉽지 않을 것이다.

알라스카가 과거 러시아 땅이었지만 1867년, 720만 불이라는 헐값으로 미국에 팔았다는 것은 누구나 다 아는 사실이다. 알라스카는 위에서 말한 대로, 베링과 쉬텔러가 북아메리카대륙의 북서쪽에 상륙했다는 것이 확실히 드러나 러시아 땅이 되었다. 그러다가 19세기 들어 모피업이 사양길에 들어서자 동물 사냥꾼과 모피 상인들의 발길이 뜸해지면서 제정러시아는 알라스카를 춥기만 한 필요 없는 땅으로 여겼을 것이다. 얼음과 눈뿐이지만 그래도 땅인데, 판 것은 큰 실수였다. 지금도 알라스카에는 러시아의 흔적이 남아 있어 피터스버그^{Petersburg}, 알렉산더^{Alexander}, 바라노프^{Baranof}, 야쿠타트^{Yakutat} 같은 러시아식 지명이 많다.

방문객 안내센터가 있어 시간에 맞춰 가니 원주민 여자가 반갑게 맞아주는 모습이 그만큼 찾는 사람이 없다는 뜻일 것이다(관광객이 없어 그 흔한 관광객 안내센터가 아니라 방문객 안내센터이다!). 그곳에서 가져온 2007년에 발행된 알라스카 공식 지도에서 '알라스카^{Alaska}'의 어원이 '광대한 땅^{The Great Land}'을 뜻하는 알류샨 열도의 원주민 말인 '알리에스카^{Alyeska}'에서 비롯되었다는 것을 알았다. 놈 안내 신문에서 '놈^{Nome}'이라는 이름은 '이곳의 이름^{name}이 무엇이냐'고 지도에 쓴 글에서 'a'를 'o'로 써 그렇게 되었다는 것도 알았다. 그러고 보면 정말이지 역사는 우연이고 실수의 연속인 것이 많다.

⚓ 알라스카와 놈을 소개하는 자료들. ⓒ놈 방문객 안내센터

놈은 알라스카 개썰매 경주 이디타로드[Iditarod]의 종점이다. 앵커리지에서 시작하는, 하와이 주와 알라스카 주를 뺀 48개 주를 뜻하는 1,048마일, 거의 1,700km를 달리는 이디타로드는 11마리의 개가 끄는 썰매 경주이다(이디타로드는 1909년 성탄, 황금이 발견된 광산인데 지금은 개썰매 경기의 이름이 되었다). 매년 3월 첫째 주 일요일에 시작해 놈 시내의 결승선까지 들어오는 데 빠르면 9일에서 늦으면 15일 정도 걸린다. 특별히 만든 신을 신은 개가 끄는 썰매는 알라스카의 산맥을 넘고 유콘 강을 건너고 툰드라를 지나 베링 해 해안을 따라 오므로 위험할 때도 있겠지만 야생의 아름다움이 대단할 것이다. 오다가 눈 조각도 하고 눈 위

에서 골프도 한다고 한다. TV와 라디오는 중계방송을 하고 팬들은 결승선에서 기다린다. 한 사람씩 들어올 때마다 사이렌을 울리고 온 동네가 잔치를 한다. 대자연은 아름답지만 사람이 사는 기쁨이 적어 이런 시끌벅석한 잔치를 벌이는 것 같다.

개를 썼던 전통이 남아 개썰매 경기가 미국에서 가장 큰 역사를 회고하는 행사의 하나로 남아 있다. 더구나 올해는 알라스카에서 개를 활용한 지 100년째 되는 해라 대단했을 것이다. 2008년부터 2012년까지 기념행사를 한다고 하니 손님들이 많이 모일 것이다. 기차도 자동차도 없고 비행기도 많지 않았을 때에는 험한 산길과 눈길을 달릴 만한 동물이 개밖에 없었다.

실제 놈은 개썰매가 주인공인 몇 가지 사실을 자랑한다. 그 가운데 3가지를 들면, 먼저 개썰매팀은 1922년까지 약 100만 달러의 금을 사고 없이 운반했다. 그러나 1922년 길거리에 있는 개를 돌보는 집에서 우편 행낭에 있던 광산회사 월급 3만 불을 도난당하면서 중지되었다. 1차 세계대전 때에는 프랑스 육군이 100마리의 개와 개 주인들을 빌려서 유럽서부전선에서 물자와 부상병을 수송하고 통신 연락에 이용했다. 그러나 개썰매팀의 가장 유명한 무용담은 1925년 디프테리아가 유행했던 놈에 약을 수송했던 일이다. 당시 날씨가 나빠 비행기를 띄우지 못하자, 20명의 썰매 주인들은 알라스카 중부지방에서 강을 따라 나 있던 개썰매팀들이 다니는 길 674마일, 거의 1,100km에 가까운 거리를 127시간 반 만에 달려 약을 갖다 주어 놈 주민들을 구해냈다. 그러자 당시 미국 쿨리지^{C. Coolidge} 대통령은 썰매 주인들에게 금메달로 그들의 용기와 노고를 치하했다. 마지막 구간을 달렸던 개썰매팀의 대장

개인 발토^{Balto}의 동상은 뉴욕 센트럴파크에 있다.

놈이 비록 미국 본토에서 멀리 떨어져 있지만 그래도 미국에 있는 것은 다 있다. 예를 들면, '놈 여름 행사달력'에는 농구, 성경학교, 영화, 툰드라 찾아가기, 야생생물, 민속잔치, 음악회를 포함하여 별의별 것이 다 있다. 6월 19일에는 놈 로터리 클럽이 주최하는 '북극곰 수영대회'도 있는데, 우리나라에서도 가끔 볼 수 있는, 한겨울에 물에 들어가는 그런 수영이다(그 장면을 방문객 안내 신문 1면에서 볼 수 있다!). 또 같은 날 시가행진도 있고 제목대로라면 '하지 연례 은행강도' 행사도 웰스파고은행 주차장에서 열린다(권총 강도들이 다이너마이트로 손님과 행원을 협박하고 돈을 뺏어 달아나려는 순간, 뜻밖에 나타난 정의의 사나이가 현란한 권총 솜씨로 그들을 제압한다는 내용이지 않을까! 이건 어디까지나 내 상상이고 그래도 한 번쯤 보고 싶다). 놈답게 당연히 사금 찾기 시합도 있으나 '가난한 사람들'이라는 전제가 있는 것으로 보아, 사금 알갱이를 1개라도 찾으면 풍족하지 못한 사람을 도와주려는 뜻으로 보인다. 빙하기에는 상당 부분이 얼음에 덮였던 지역답게 도시락을 들고 빙하기 야생생물을 찾아가는 프로그램도 있다. 이 외에도 나이와 가족을 고려한 다채로운 행사가 아주 많은데, 오지에서 살더라도 경험하고 배울 수 있는 것을 찾아 직접 체험할 수 있게 해주려는 것 같다. 또 심심하지 않게 보낼 수 있는 방법도 알려준다. 시간도 하루부터 3, 4일짜리도 있고 가장 긴 것은 매주 목요일 삼림 감시원이 야생생물은 물론 다양한 경험담을 30분간 이야기하는 프로그램으로, 2개월 하고도 15일간 계속된다. 이런 프로그램은 삼림 감시인의 눈과 생활을 통해, 보통 사람은 배우기 힘든 대자연과 그들의 값진 경험과 대자연에서 살아가는 방법을 배우기에 좋은 프로그램으로, 자연을 가까이 하고 있음에도 가장 인기 있는 프로그램 중 하나라고 한다. 손님의 대부분은 어린이들로, 이러한 교육은 아이들이 인생을 살아가는 데 있어 반드시 필요한 것들이다.

놈에는 관광안내인이 있어 놈과 그 일대를 안내해준다. 오후 8시가 지나 2시간 안쪽까지 자동차로 가서 툰드라를 걷는 관광이 1인당 65불로 가장 싸다. 이것 말고는 5시간 반부터 하루 종일(7, 8시간) 하는 관광은 185불이며, 놈 서쪽의 텔러나 우리가 근처까지 갔던 카운슬 동네 관광이다(그러고 보면 우리는 그 정도의 관광을 한 셈이다!). 텔러에서는 이누이트 부부를 찾아보기도 한다. 모두 아름다운 자연을 보거나 역사나 문화를 알 수 있는 관광이다. 알라스카 대자연에 대한 관심과 시간이 있다면 해볼 만한 관광이다. 운이 좋으면 냇가에서 기념으로 판 모래에서 팥알 크기의 사금 알갱이를 찾는 행운도 누릴 수 있다.

수어드 반도에 있던 사향소는 1800년대에 멸종되었으며, 옮겨온 70마리가 지난 30년 동안 번식하여 지금은 2,000마리 정도가 되었다. 사향소는 얼핏 순하고 느리게 보여도 실제는 그렇지 않아 아주 조심해야 한다. 더구나 새끼를 데리고 있는 사향소는 더욱 사납다고 한다. 여름에 사향소들은 산비탈에서 풀을 뜯어먹으며 한여름에는 가끔 강물 속으로 들어가 더위를 식힌다. 겨울에는 바람이 강하게 불어서 눈이 쌓이지 않는 능선에 있는 풀을 찾아 돌아다닌다. 사향소는 잘 알다시피 늑대 같은 천적이 나타나면 어미들이 새끼를 가운데에 놓고 둘러싸서 보호하는 것으로 유명하다.

순록은 100년 전 이누이트의 주식이던 고래와 바다코끼리 수가 적어지면서 식용으로 쓰려고 러시아에서 가져온 것이 늘어났다. 이 순록은 봄에는 북쪽으로 이동해 여름에는 보기 힘들어졌다. 한때는 이누이트들이 키우던 러시아 순록^{reindeer}이 수어드 반도를 덮었으나 최근에는 캐나다 순록^{caribou}이 서쪽으로 이동해 아주 많아졌다. 그러므로 여름에 놈 부근에서 보이는 순록은 캐나다 순록이다. 러시아 순록과 캐나다 순록은 같은 종이지만, 오랫동안 사는 곳이 달라서인지 작은 차이가 있다. 러시아 순록은 다리가 약간 짧고 목덜미가 그렇게 근사하지 않으며, 가끔 캐나다 순록에는 없는 반점이 있다.

넓적한 뿔을 자랑하는 무스^{moose}는 수어드 반도에 버드나무가 늘어나면서 모습을 보인 지 75년 정도 되었다. 무스는 순록보다는 크고 뿔의 아래쪽은 넓적하고 그 위에 가지가 있어 순록의 나뭇가지 같은 뿔과는 다르다. 겨울에는 주로 낮은 골짜기에서 사는데, 버드나무가 먹이가 되고 몸을 숨길 은신처가 되기 때문이다. 반면 여름에는 주변 비탈의 좁은 물가로 올라간다. 가끔 툰드라의 못이나 호수 주위에서도 볼 수 있다.

위에서 말한 3종의 포유동물들은 모두 곰이나 늑대의 먹이가 되는데도 상당히 늘어난 것을 보면, 천적이 그렇게 많지 않기 때문일 것이다. 천적이 많지 않은 이유 중 하나는 사람이 직접 천적을 없애주는 것을 들 수 있다. 실제로 사람들은 과거부터 지금까지 늑대나 곰을 쉬지 않고 잡고 있다. 그렇지 않다면 늑대나 곰의 먹잇감이 이토록 늘어날 수는 없었을 것이다.

알라스카에는 유독 곰이 많아 곰에 대한 상식을 알려주는 내용도 있다. 예를 들면, 알라스카박물학협회가 만든 곰 상식 브로슈어^{Bear Facts}의 중요한 내용을 요약하면 다음과 같다.

곰은 놀라는 것을 좋아하지 않는다. 그러므로 곰이 있을 만한 곳으로 가면 일부러 소리를 내거나 노래를 불러 사람이 있다는 것을 알려야 한다. 배낭에 종을 매달아놓는 것도 좋은 방법이다. 그래도 될 수 있는 한 숲이 우거진 곳은 피하고 단체로 다니는 것이 좋다. 곰도 사람처럼 다니는 길로만 다니기 때문에 곰이 다니는 길 가까운 곳에 텐트를 쳐서는 안 된다. 또 산속을 지나가다가 물고기나 동물의 시체를 발견하거나 썩는 냄새를 맡으면 그곳을 곧장 지나가지 말고 돌아가야 한다. 또 텐트가 곰의 목표물이 되지 않도록 텐트에서 떨어져 요리를 하고, 음식물 역시 텐트에서 멀리 떨어진 곳에 두어야 하며, 그릇은 깨끗이 씻어서 텐트에서 냄새가 나지 않도록 해야 한다. 그래도 곰을 만나면 곰에게 말을 하면서 팔을 흔들어 곰에게 우리가 사람이라는 것을 알려주어야 한다. 그러나 새끼를 데리고 있는 어미 곰을 만나면, 사람이 절대 어미 곰과 새끼 곰 사이에 들어가서는 안 된다. 곰과 마주치면 도망가지 말고 죽은 척하거나 싸워야 한다.

이 외에도 도움이 될 만한 이야기가 많았다. 곰 상식 브로슈어에 있는 내용들은 모두가 실제 경험을 정리해놓은 것이기 때문에 여기에 쓰인 내용대로 행동하면 큰 피해는 입지 않을 것이다. 몇 마리의 반달곰을 풀어놓는 우리나라에서는 듣기 힘든 이야기들이었다. 이런 이야기들은 이유경 박사팀을 비롯해 언젠가 알라스카에서 연구할 우리나라 사람들에게 꼭 필요한 내용이다(항해기를 쓰던 8월 중순 우리나라 신문에서 "북극에서 예기치 못한 곰의 공격을 받게 되어 달리 피할 길이 없다면, 죽을힘을 다해서 곰의 코를 쳐라. 이는 캐나다 북극 이누이트 원주민들에게 전수된 조상들의 지혜"이며 그렇게 해서 생명을 구한 안내인의 실화를 읽었다. 그럼직하다. 어느 동물이든지 약점은 있게 마련이어서 그 약점을 공격해야 한다. 예컨대, 악어는 눈을 찔러야 위기를 모면할 수 있다고 한다).

놈의 시내는 집들이 모두 낮고 낡은 나무집에 길도 넓어 옛날 어렸을 때 많이 보았던 서부영화 속 거리 같았다. 다른 점이 있다면 허리에 권총을 찬 카우보이와 그가 탔던 말 대신 자동차가 다니는 정도랄까. 그러고 보니 서부영화의 촬영장을 빼닮은 것도 같다. 자동차가 나오지 않게 구도를 잡고 말을 타고 달리면 훌륭한 서부영화의 한 장면이 될 것이다. 점잖은 속옷을 입은 여자가 다리를 높이 쳐들고 춤추는 그림은 그야말로 서부영화의 빼놓을 수 없는 장면인데, 여기에 있는 바의 바깥에 지금도 그런 그림이 붙어 있다. 만약 우리나라에 놈 같은 시골 도시가 있다면 '문화재'로 보호될 것이다.

놈의 시내는 '황금 열풍이 지나간' 도시의 거리이다. 그러므로 황금이 발견되어 사람들이 몰려오기 시작한 이후 있었던 황금 열풍의 흔적이 군데군데 남아 있다. 예컨대, 시내에서 가장 높은 건물인 생 조셉 성당을 에워싸는 앤빌^{Anvil} 시 광장을 표시한 표석은 돌이 아니라 채굴기의 버킷이었다. 화분으로 쓰이는 큰 버킷의 크기는 2m 정도이고 작은 것도 1m가 넘는다. 이 외에도 여러 곳에서 버킷을 볼 수 있으며, 그만큼 채굴기가 많았다는 것을 알 수 있다. 동네 부근에는 버려둔 채광기 여러 대가 거대한 공장이나 건물처럼 서 있지만, 놈의 전체 모습으로 보아 황금 열풍은 끝났다는 생각이 강하게 들었다. 이제 빠뜨리고 남긴 금을 줍는 일만 남았다. 가끔 큰 것이 발견되겠지만 그렇게 쉬운 일은 아닐 것이다. 상식으로 볼 때, 금은 바닷속을 헤집는 것이 손쉬운 대신 자본이 들고, 소득이 적으며, 확실한 것은 130~150년 이상 된 풀로 덮인 강가의 풀과 그 풀 아래 풀이 썩은 것을 걷어내고 그 아래의 모래를 헤집는 것이다. 그곳의 모래는 아무도 손대지 않았기 때문이며 금덩어리를 줍는 아주 확실한 방법이다. 손가락 마디 같은 커다란 금덩어리가 아니라도 모래알이나 좁쌀, 쌀알, 팥알 크기만 한 금 알갱이라도 많이 모으면 큰돈이 될 수 있다! 그런데 사금덩어리는 100%가 아닌 40~60%만 금이다. 그래도 좋다! 손으로 움켜쥐거나 손바닥에 들어갈 정도의 덩어리라면, 금의 무게는 600g에서 800g 혹은 1kg 정도이니 가격은 상당할 것이다. 금속광상학자들은 금광맥 속에 작은 조각으로 들어 있는 금결정이 침식되어 냇물에 흘러 내려오면서 덩어리를 만

⚓ 놈의 앤빌 시 광장. 이 성당이 놈에서 가장 높은 건물이며 사금 채굴기의 버킷이 도로 옆 화분으로 쓰인다.

드는 과정을 아직도 설명하지 못한다.

알라스카의 지도와 엽서에서 알라스카와 관련된 많은 상식을 얻었다. 그중 몇 가지를 소개하면, 알라스카는 미국의 5분의 1 크기로, 면적이 150만 km²로 한반도의 7배가 조금 못 되고, 미국 본토에서 가장 넓은 텍사스 주의 2배가 넘는다. 미국에 있는 높은 산 20개 중 17개가 알라스카에 있으며, 알라스카에 있는 산 19개는 높이가 4,200m보다 높다. 높이 6,194m의 북아메리카대륙에서 가장 높은 맥킨리 산 Mount McKinley이 바로 알라스카에 있다. 그 산을 뜻하는 인디언 이름인 디날리 Denali는 '거대한 산 The Great One'이라는 뜻이다. 길이가 거의 3,200km로 알라스카에서 가장 긴 유콘 강은 미국에서 세 번째로 긴 강이며, 알라스카에는 크고 작은 강 3,000개가 있다. 알라스카에는 호수도 많아, 폭과 길이가 각각 100m가 넘는 호수가 300만 개나 있다. 그중 가장 큰 호수는 남서쪽의 일리암나 Iliamna 호수로 2,500km²가 넘어 서울의 약 4배가 넘는다.

주 수도인 주노 Juneau는 찻길이 없어 배나 비행기로 가야 한다. 알라스카의 해안선은 1만 600km가 넘으며 섬의 해안선을 합하는 경우 5만 4,200km가 넘어 48개 주의 해안선을 합한 길이의 2배가 된다. 알라스카에서 가장 북쪽에 있는 북위 71°23′, 서경 156°28′인 포인트 배로우에서는 5월 10일부터 거의 3개월간 낮만 계속되며 11월 18일 태양이 지평선 아래로 내려가면 2개월 이상 태양을 보지 못한다. 알라스카에는 빙하가 많으며 가장 큰 말라스피나 Malaspina 빙하는 2,176km²이다.

알라스카에는 화산 폭발 가능성이 있는 활화산을 포함하여 70개가 넘는 활화산이 있으며, 최근에는 1912년 노바룹타 Novarupta 화산이 가장 격렬하게 폭발했다. 이 폭발로 '1만 개의 연기 골짜기'가 알라스카 남서쪽에 생겨났으며 국립 카트마이 Katmai 기념지가 되었다. '1만 개의 연기 골짜기'란 연기를 내뿜는 봉우리의 숫자가 엄청나게 많아 붙여진 이름이다. 실제 사진을 보면 땅바닥에서 연기가 솟아나는 곳이 아주 많아 놀랄 정도이다. 알라스카 중부지방에서 1964년 3월 27일에 일어난 리히터스케일로 9.2인 지진은 북아메리카대륙에서 일어난 지진 중 가장 큰 지진이다(그러나 사람이 워낙 적어 큰 피해를 입지는 않았던 것 같다). 위에서 말한 활화산의 대부분은 알류샨 열도에 있다.

알라스카의 인구는 65만 명 정도이며, 절반가량이 앵커리지에서 산다. 알라스카 주에는 사람도 적은 만큼 길도 많이 나 있지 않기 때문에 다니기가 쉽지 않다. 포장된 도로는 시내 주민 4만 5,000명 정도의 패어뱅크스 Fairbanks 시 일대와 그 남쪽 앵커리지를 지나 호머 Homer 까지이며, 남동쪽으로 캐나다로 가는 길도 포장되었다. 패어뱅크스 북쪽 프루드호베이 Prudhoe Bay 에서 남쪽 발데스 Valdez 까지 원유 파이프라인을 따라서 나 있는 길도 비포장 상태라 자갈길이 많다. 그래도 동부는 나은 편에 속한다. 서부는 그나마 길이 없어 자갈길마저 놈 부근 말고는 없다. 놈은 그래도 북극으로 들어가는 마지막 관문이라 좀 큰 동네이다. 그래서 부근에 있는 시골도시로 가는 길이 비록 자갈길이라도 세 갈래가 있다. 작은 동네는 비행기나 헬리콥터 또는 겨울에는 개썰매 외에는 교통수단이 없다. 사람도 없거니와 땅이 얼고 녹기 때문에 도로를 유지할 수 없기 때문이다. 임시방편으로 할 수 있는 일이 놈 부근의 길처럼 자갈길을 만드는 것인데, 그것도 막대한 예산이 필요하고 한번 만들었다고 끝난 게 아니라 해마다 보수해야 하니 쉽지 않은 일

⚓ 너겟 인 호텔.

⚓ 무스 뿔을
걸어놓은
호텔 바깥 벽.

⚓ 1901년에 건설된 황금의 도시 놈. 왼쪽의 둥근 것은 사금을 이는 대야이다.

이다.

　우리는 놈에 있는 3개의 호텔 가운데 중급인 너겟 인Nugget Inn에서 머물렀다. 바깥벽에 여기저기 무스 뿔이나 금을 이는 대야가 걸려 있고, 오래된 냄새가 강하게 풍기는 호텔이다. 호텔에 들어가자 마음이 편안했고 나무 바닥이지만 걸을 때 삐걱거리지 않아 마음에 들었다. 싱글 룸 기준으로 1박을 하는 데 드는 비용은 120불로 2박에 세금 11%를 합해 244.2불을 신용카드로 결제했다. A4용지에 숙박비와 그에 따른 세금을 포함한 비용을 프린트하고 신용카드로 결제한 작은 영수증을 스테이플러로 찍어주는 게 미국답다고 느껴졌다. 방은 깨끗했고 따뜻한 물도 잘 나왔다. 이 호텔의 안내문이었는지는 모르겠으나, 벽에 붙여놓은 낡은 안내문을 보니, 옛날에는 샤워용으로 쓰는 온수 값을 따로 내었고, 사용한 물used water(5센트) 값은 깨끗한 물first water(15센트)보다 아주 쌌다(이곳 사람들은 쓴 물을 따로 모아두었다 썼나 보다). 사용한 물은 무슨 물이며 그렇게 물이 귀했나 하는 생각이 들었다.

　호텔 앞 정원 장식물 위에는 버려진 것으로 보이는 순록의 상악골과 뿔이 있었다. 겉으로 봐서는 괜찮게 보였다. 여기에서는 상당히 흔한 것일지도 모른다는 생각에 나는 호텔 여주인에게 취미로 모으고 있으니 줄 수 없겠느냐고 물었다. 베트남 사람이라는 호텔 여주인은 자기네 호텔의 역사이며 자신도 모으고 있다며 조금도 망설이지 않고 거절했다. 몇 마디를 더 하자 그 여자는 자기도 그 머리뼈를 샀다고 했다. 수십 불 정도라면 값을 치르고 살 생각이 있어 나는 그 값을 지불할 터이니 팔라고 했다. 하지만 역시나 거절당했다. 다음 날 아침 체크아웃할 때, 그 여자는 "얼마를 주겠냐"며 내게 물었다. 하지만 갑자기

기분이 상해 나는 "돈 없다"며 이야기를 마무리 지었다.

동물의 머리뼈는 연구 자료이자 좋은 표본이 된다. 내가 사려고 했던 상악골은 상당히 오래되어 뼈는 낡았지만 대후두공과 고실융기가 뚜렷했고, 이빨도 몇 개나 있어 그런 대로 쓸 만한 표본이었다. 하지만 호텔 여주인이 팔지 않은 게 다행이었다. 배로 가져가기도 불편했고 뼈를 보는 눈도 사람에 따라 다르기 때문이다. 표본이고 연구 자료로 받아들여지면 다행이지만 그렇지 않은 경우도 있다.

알라스카는 대자연의 땅이고 야생의 땅으로 그 아름다움과 광대함과 웅혼함이 그대로 살아 있는 그야말로 축복받은 곳이다. 겨울은 겨울대로 아름답고 봄은 봄대로 힘 있게 살아나고, 여름은 여름대로 화려하고 가을은 가을대로 운치가 있다. 곰도 늑대도 순록도 토끼도 쥐도 새도 연어도 사람도 묵묵히 자기의 길을 가면 그뿐이다. 알라스카가 살기 불편하고 어렵고 힘든 곳이 아니라, 손을 안 댄 대자연이고, 크고 넓기 때문이다. 알라스카에는 사람이 손을 댄 곳보다 그냥 내버려둔 곳이 훨씬 많고 볼 것도 많을뿐더러 많은 것을 느끼게 한다. 대자연의 아름다움에 취해 그냥 가만히 있거나, 쉬거나, 걷거나, 공연히 큰 소리도 쳐보고 마음껏 하고픈 대로 하다 돌아오면 된다.

16일 오후, 종일 날씨가 좋아지기를 기다리다가 헬리콥터를 타고 다시 배로 돌아왔다. 바람개비가 2개밖에 없는, 조종사를 제외한 네 사람밖에 탈 수 없는 꼬마 헬리콥터이지만 잘도 날아갔다. 무엇보다 내일 오전에 떠나는 데에 지장이 없어 다행스러웠다. 그러고 보니 헬리콥터가 앞서 말한 헬리콥터와 같은 크기이다. 한편, 배에는 이것보다 약간 커, 조종사를 빼고 6명이 탈 수 있는 헬리콥터도 날아와 있었다.

⚓ 7월 17일,
배가 놈을 출발하기 전에
물자를 나르는
6인승 헬리콥터.

나중에 듣기로는 우리가 타고 온 헬리콥터가 헬리콥터회사 벨^{Bell}이 만드는 가장 작은 헬리콥터이며, 다른 회사에서는 2인승 헬리콥터도 만든다고 한다. 최근에는 GPS를 이용해 이륙한 헬리콥터의 위치를 추적하며 운행 상태를 파악할 수 있는 방법이 생겼다고 한다(그러면 예전에는 이륙한 헬리콥터는 마음대로 돌아다녔을까?). 큰 헬리콥터는 연료를 최대 110갤런을 실을 수 있고 그 양으로 조종사를 포함해 7명이 2시간 반을 비행할 수 있는 반면, 작은 헬리콥터는 같은 양의 연료로 3시간을 비행할 수 있다. 큰 헬리콥터의 운항거리는 300마일이며 시속 100~110마일이다. 헬리콥터 2대는 앵커리지 남동쪽 226마일에 있는 호머를 이륙해 맥그라드^{McGrath}와 유나라크리트^{Unalakleet}에서 급유를 하고 놈까지 날아왔으니 알라스카를 남동쪽에서 북서쪽까지 대각선으로 400마일 정도 날아온 셈이다. 맥그라드나 유나라클리트 같은 마을은 지도에서는 아주 작은 시골마을인데도 헬리콥터와 통신할 수 있는 시설이 있고 항공유가 있다는 게 신기했다.

오후 늦게 연구소의 하호경 박사가 이 해양조사에 참가한 사람들의 얼굴로 포스터를 만든다며 사진을 찍으려고 연구소 사진사 한승필 씨와 함께 왔다. 한승필 씨는 연구소 측에서 북극 사진을 찍기 위해 새로 채용한 사람이라는 말을 들었다. 좋은 아이디어다. 그에게 부탁해 디지털 카메라를 특별 고해상도^{SHQ}로 세팅했다. 화소 수가 과거에 비해 2.25배가 되었으니 그만큼 더 선명한 사진을 찍을 수 있을 것이다.

배는 흔들리고–기우뚱거리고–쿵쿵거리고–
얇은 얼음은 지나가는지 모르게 지나가고–
덜컹거리고–울리고–기울어지고–
여기저기 긁히면서도 잘 갔다

배가 힘차게 나아갈 때, 얼음은 배에 부딪혀 깨어지면서-
들리고-뒤집어지고-밀리고-엎어지고-쓰러지고-
섞이고-부스러지고-구르고

얼음에 고인 물의 모양은 하트-원, 둥근 다각형,
둥글지만 찌그러진 도안-길고-넓고-굵고-가늘고-
휘어지고-좁고-길쭉하고-연결되고-독립된 것도 있지만
대개가 연결되고-작은 원-큰 원-네모난 것-
주로 동토의 연결된 늪지-삼각형

놈에서
북극 척치 해를 거쳐
다시 놈까지

PART **3**

7월 17일 토요일

배가 몹시 흔들렸다. 인천을 떠나 이렇게 흔들리기는 처음인 것 같았다. 하지만 배를 처음 타는 젊은 사람들은 어떨지 몰라도 배를 한 번이라도 타본 사람에게는 아무것도 아닐 것이다.

점심시간에 식당에 앉아 있으려니 처음 보는 얼굴들이 아주 많았다. 14명에서 갑자기 43명이 되었으니 이제야 사람 사는 것 같은 느낌이 들었다. 토요일 점심 메뉴는 면이어서 납작만두와 함께 짬뽕이 처음으로 나왔다. 맛도 서울 중국집에서 먹는 짬뽕과 다를 게 없었다.

식당 벽에 어제 찍은 사진들로 만든 포스터를 붙여놓았다. 표정들이 다양했는데 생각보다 웃는 얼굴들이 적었다. 게다가 낯선 사람들이 갑자기 나타나 사진을 찍기 전에 사진 찍는 목적을 제대로 설명하지 못했는지 몇 사람의 표정은 상당히 긴장한 듯 보였다. 여자는 총 7명이었는데 이중 외국 여자는 중국과 필리핀이 각각 1명이었다. 외국인은

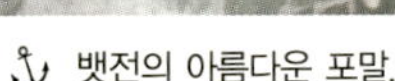

뱃전의 아름다운 포말.

7월 17일, 배의 강력한 스크루 힘에 바닥에서 솟아오른 흙물.

총 10명으로, 중국 연구원 3명, 필리핀 연구원 1명, 얼음과 관련된 러시아인 2명, 헬리콥터 조종사 2명과 정비사는 미국인이며 북극곰 감시인도 미국인이었다. 북극곰 감시인 개리 월러스^{Gary Wallace} 씨가 미국 사람이어서 조금 실망했다. 이누이트의 생활에 대한 기대가 상당히 컸기 때문이다. 한편, 연구하는 사람과 디자인하는 사람이 다르기 때문에 포스터에서 쇄빙선은 멋지게 나왔지만 조사 경로가 빠진 게 큰 흠이었다.

점심을 먹은 뒤 바깥으로 나오니 파고가 2m는 되어 보이고 능선이 평탄한 슬레지^{Sledge} 섬이 해무 속에서 멀리 보이는 것으로 보아 놈에서 꽤 벗어난 듯했다. 오후 1시경이 되자 알라스카 TV마저 나오지 않았다. 그러나 저녁을 먹기 전, 사람들이 인터넷을 하지 않아서인지 갑자기 인터넷 속도가 빨라져 재빠르게 원고를 보낼 수 있었다(이 원고는 귀국 후 보낸 원고와 함께 『애튼버러가 들려주는 극지의 생물 이야기』라는 제목으로 2010년 12월 출간됐다).

오후 7시가 조금 지나 북북서 방향으로 가던 배가 오후 10시 20분 경에는 정북쪽으로 갔다. 이미 베링 해협을 지났고 지도를 보니 베링 해협 가운데에 있는 디오메드^{Diomede} 섬을 지나쳤다. 있는 줄도 몰랐고 알았어도 해무가 심해 제대로 보기는 어려웠을 것이다. 동쪽의 작은 디오메드 섬은 미국의 영토이고 서쪽의 큰 디오메드 섬은 러시아 영토 이다. 작은 섬 북쪽 끝에 디오메드라는 마을이 있는 것으로 보아, 이곳 에는 사람도 사는 것 같다. 베링 해협은 지금은 해협이지만 마지막 빙 하기에는 아시아대륙과 북아메리카대륙을 잇는 다리였다. 실제 오후 10시가 조금 넘어 배가 지나갔던 곳의 수심은 48m밖에 되지 않았다.

밤 11시 40분경, 배가 북위 66°30′, 곧 북극권을 지나갈 예정이라는 말을 선교에서 들었지만 10시 반이 조금 지나서 잠자리에 누웠다.

7월 18일 일요일

멸치볶음과 쇠고기무국으로 아침을 든든히 먹은 다음 혹시나 하는 기대감에 인터넷을 해보려 시도했지만 역시나 연결되지 않았다. 서울에서 듣기로는 위도가 북위 60°만 되어도 인터넷이 잘 되지 않았다는데, 지금은 북위 68°를 넘었으니 이제 정말 끝인가 보다. 그래도 어제 저녁 원고를 보낸 게 천만다행이었다. 외부 문명세계와 연락이 끊긴 것은 불편하고 안타까운 일이지만 또 그만큼 시간이 생긴 셈이다.

선교에서 북극권은 어젯밤 11시 반에 지났다는 말을 들었다(실제로는 밤 11시 32분이다). 이제는 천문학에서 말하는 북극에 들어와 하루 24시간이 낮이거나 밤인 날이 있는 지역이다. 지금은 7월 중순이니 낮이 6월 21일보다 상당히 짧아졌겠지만 그래도 훤할 것이다. 한편 선교 출입은 수석 과학자인 정경호 박사의 허락을 받으라는 선장의 게시문이 선교로 들어가는 문에 걸렸다. 사람들이 들락거리는 것이 운항에 좋을 리 없을 것이다. 아니면 사람들이 자꾸 귀찮게 해서일까?

새까맣고 통통한 새는 이곳에서도 눈에 띄었다. 몇 마리씩 짝을 지어 날아다녔는데, 색깔이 흑백이라 마치 아델리펭귄이 나는 것처럼 보였다. 또 남극풀마와 비슷한 북극풀마(?)가 보였지만 세가락갈매기는 보이지 않았다.

9시가 다 되어 우연히 연구원들이 회의하는 것을 알게 되었다. 그런 장면은 흔한 장면이 아니어서 몇 장면 찍어두었다. 연구원들의 대화 주제는 대부분 언제나 연구를 관장하는 행정부 관리에 대한 불만이었다. 연구원들은 연구를 잘하려고 끊임없이 다른 사람이나 제도에 대한 이야기를 한다. 그만큼 제도가 좋지 않다는 반증일 것이다.

11시 20분이 되자 배는 거의 북위 69° 가까이 다가갔다. 수심은 46m이고 수온은 7.6℃이며 염분은 30.1‰로 그다지 짜지 않았다. 배는 북쪽으로 갔는데도 기온은 4.7℃로 아침 3.3℃보다 높아졌다.

점심 메뉴는 비빔밥으로, 프라이한 달걀을 포함해 넣을 재료가 8가지나 되었다. 도라지나물, 고사리, 호박나물, 콩나물, 가지, 시금치, 김이었는데, 배에서 이렇게 호화로운 비빔밥을 먹다니! 상명대학교에서 왔다는 필리핀 출신의 여학생은 비빔밥을 먹어본 적이 있다고 말했다. 비빔밥과 함께 나온 버섯국을 맛있게 먹고 수박과 포도주스도 마셨다. 포도주스 병에 원액 100% 포도주스라고 적혀 있었지만 정제수를 섞은 것으로 보아 전체가 포도주스는 아니다. 정제수의 양을 밝히지 않는 것은 회사의 정책일 수 있지만 왠지 반갑지 않았다.

오후 4시가 넘어 배가 유빙 지역에 들어와 얼음에 부딪히며 크게 흔들렸다. 유빙들은 크고 작았지만 높이는 거의 비슷해 수면 위의 부분이 10cm가 되지 않아 보였다. 또 상당 부분이 눈일 터이니 그렇게 단단하지는 않을 것이다. 유빙들은 그렇게 많지 않아 바다의 10% 정도를 덮은 것 같았고, 배는 5시 20분경 유빙 지대를 벗어났다. 얼음이 얇아 쇄빙선이 깨기에는 아주 시시했디.

저녁 8시 남승일 박사가 북극연구를 소개했다. 그는 독일에서 북극을 공부하기 시작해 올봄 극지연구소로 오기 전인 한국자원연구원에 있었을 때도 해마다 쇄빙선 폴라슈테른*Polarstern*호를 타고 북대서양을 연구했다. 그는 북대서양에 대한 미련을 버리지 못하는 것 같았지만,

⚓ 유빙 조각들이 떠도는 북극의 바다.

우리나라에서는 너무 멀다. 베링 해 북극을 잘 연구해 북대서양과 비교하는 것도 주요한 연구 주제가 될 수 있다. 독일은 28년 된 폴라슈테른 호를 2년 후 새 배로 바꾸려 한다고 한다. 새 배는 쇄빙 능력이 있는 굴착선으로, 건조建造 비용만 7,000억 원으로, 몇 나라가 공동으로 건조한다고 한다. 이른바 최첨단의 극지조사선이 될 것이다.

한편, 용케도 인터넷이 연결되어 이메일 제목들이 화면에 나타났다. 반가운 마음에 서둘러 제목을 클릭했지만, 애석하게도 이메일 제목만 보일 뿐 내용은 열리지 않았다.

⚓ 태양은 찬란하게 바다를 내려 비췄다.

7월 19일 월요일

8시가 조금 못 되어 배는 유빙이 떠도는 북위 72°를 꽤 지난 바다를 북서쪽으로 천천히 달렸다. 수온 0.6℃에 염분 28.9‰이며 기온은 -2.3℃로 모두 가장 낮았으며, 배를 탄 이후 처음으로 기온은 영하로 떨어졌다. 서울에서 이곳의 기온을 물었을 때, 세종 기지의 여름보다 높다고 했는데, 오늘은 세종 기지보다 낮아졌다. 영하로 기온이 떨어져서인지 숨을 쉴 때 남극 세종 기지에서 숨 쉬듯이 가슴속 깊은 곳까지 아주 상쾌하고 시원했다. 기온도 기온이지만 무엇보다 공기가 깨끗하기 때문일 것이다.

국내에서 유명한 상표의 방한복을 입었지만 어쩐지 추운 감이 들어서 속에 옷을 더 껴입고 나갔다. 상체는 괜찮았지만 손이 시렸고, 아랫도리도 코르덴바지만 입고 있어서 한기가 스며들었다. 장갑도 끼고 아래도 더 챙겨 입어야겠다고 생각했지만 장갑을 끼면 사진 찍기가 불편한 것이 문제다.

유빙은 두껍지 않았지만 배는 제 속도를 내지 못했고 얼음에 부딪혀 자주 덜컹거렸다. 배는 오후에 미국의 배타경제수역EEZ을 벗어난다니 그 후에나 우리 마음대로 일할 수 있을 것이다.

9시가 넘자 파란 하늘이 보이고 배는 얼음에 부딪혀 쿵쿵거렸다. 드디어 해빙 한가운데로 들어와 선교에서는 러시아 빙해선장, 빙해항해사, 김현율 선장, 김진우 항해사, 갑판수가 긴장한 채 전방을 응시했다. 바다는 95%가 해빙으로 덮였으나 두꺼운 해빙이 아니라 군데군데 물이 고인 해빙이었다. 두께는 1m가 안 되어 보이지만, 가끔 해빙 조각들이 부딪혀 다시 얼면서 길고 불규칙하게 삐죽삐죽하게 얼어 더 두꺼워진 부분도 있었다. 이 해빙들은 2010년 여름에 들어와 녹기 시작한 해빙일 것이다. 수온과 기온에 따라 새로 살짝 언 해빙도 있을지 모른다. 염분 함량이 높지 않으니 남극에서 바닷물이 어는 온도인 $-1.7\,^\circ\mathrm{C}$ 보다 높더라도 얼 것이다.

해빙이 덮인 북극의 바다는 남극의 바다와 다르다. 남극의 해빙도 북극의 해빙처럼 바닷물이 얼어서 생긴다. 그러나 남극의 바다에는 대개의 경우 빙붕에서 갈라져 나온 탁상형 빙산이 떠 있다. 빙산의 크기는 낮으면 10~20m이지만 높으면 수십 미터에 이르며 폭은 수 킬로미터에서 수십 킬로미터 또는 그 이상이 된다. 숫자도 적으면 1, 2개지만 많으면 200개에 가까워 시야에 빙산밖에 없는 경우도 있다. 빙붕에서 방금 갈라져 나온 신선한 탁상형 빙산의 윗면은 해면과 아주 평행했다. 그러나 시간이 가면서 뒤집어지고 기울어지고 부서져 원래의 평탄한 모습이 사라졌다. 물론 남극에도 얇은 해빙이 북극의 바다처럼 덮

⚓ 쇄빙선의 힘에 깨어져 나가는 얼음.

⚓ 물속에 잠긴 채수기.

⚓ 아름다운 해빙 조각으로 끝없이 덮인 북극.

⚓ 쇄빙선이 일으키는 힘찬 물결.

⚓ 쇄빙선이 지나온 흔적.

이는 경우도 있겠지만, 그렇게 흔한 현상은 아니다. 그보다는 엄청난 크기의 빙산들이 떠돈다. 물론 북극의 바다에도 그린란드나 캐나다 북쪽에 있는 섬에서 흘러내린 빙하나 빙폭이 바다로 들어와 생긴 불규칙한 빙산이 있지만, 남극의 빙산과는 크기나 위용이나 숫자가 비교가 되지 않을 만큼 적다. 게다가 척치 해에는 그런 빙산마저 없다. 단지 바다가 얼어 생긴 평탄한 해빙에 남극과 달리 불규칙한 얼음 능선이 낮게 솟아 있다. 북극의 해빙은 갈라져 해류를 따라 떠다니다가 부딪치고 다시 얼면서 얼음의 부피가 커져 울퉁불퉁한 능선이 생기는 게 남극의 해빙과 다른 점이다. 반면 남극의 해빙은 갈라질 때 한 방향으로 흐르기 때문에 부딪치지는 않는다. 또 남극의 바다에는 예외 없이 눈에 보이는 부분이 적어도 수백 년에서 1,000~2,000년은 된 크고 작은 탁상형 빙산이 있다. 빙산의 벽에 있는 평행한 줄이 그 연륜을 말해 준다.

점심을 먹고 받아 온 크고 무거운 '생존장비 가방'을 호기심에 열어 보았다. 그러나 지퍼를 플라스틱밴드로 묶어놓은 게, 열지 말라는 표시 같아 닫아놓았다. 나중에 듣기로 그 안의 내용물이 시가 350만 원 상당이며, 용도가 다양해서 아주 두꺼운 스위스 칼, 우모복, 비상 신호 장치, 숟갈을 포함해 극지에서 살아가는 데 필요한 다양한 물건들이 들어 있다고 한다. 그래서 나중에 반납할 때는 내용물을 일일이 확인한단다. 충분히 그럴 만한 일이다. 그런데 어느 방에서는 우리보다 먼저 탔던 승객이 반환하지 않은 생존장비 가방이 발견되었다. 배에서 작은 물건 한개 한개는 잘 챙겼는지 몰라도 큰 배낭을 빠뜨려 놓친 모양이다.

배가 쉬지 않고 쿵쿵거리는 것으로 보아 얼음을 잘 깨고 있는 것 같았다. 빙해항해사의 말에 따르면 얼음의 두께는 40~80cm 정도라고 한다. 두께 30cm 정도의 눈으로 덮인 얼음은 군데군데 눈이 녹은 곳의 모양이 아주 신기해, 그 모습을 상표나 회사 심볼 같은 디자인에 활용해도 좋을 것 같다는 생각이 들었다. 모양은 주로 둥그스름한 곡선으로, 크고 작은 모양을 일일이 표현하기 힘들다.

한편 새를 비롯해 바다에서 볼 수 있는 동물들이 눈에 띄지 않았다. 그래도 북극곰 감시인은 해표 1마리를 보았다고 하니 드물지만 동물이 있음에 틀림없다. 어떤 동물이 살고 있을지 한참 상상에 빠져 있는데 "12시 56분 EEZ를 북위 72°47′, 서경 165°56′ 벗어났다"는 방송이 나왔다. 항해 중 의미 있는 일은 이처럼 방송으로 알리는 것 같았다. 다만 북위 66.5°를 돌파했을 때는 오후 11시 반이라 자는 사람들을 생각해 방송하지 않았던 것 같다. 북극권 돌파는 이 배와 이 항해에서 주요한 의미가 있다. 나는 북극권을 벗어날 때를 기다리기로 했다.

정경호 수석과학자의 말로는 EEZ를 벗어나 40해리 되는 곳까지 가서 장비들을 시험할 예정이라고 했다. 오후 8시경 도착할 그곳은 수심이 100m 정도이니 그런 시험을 하는 데는 문제없을 것이다. 현재 배가 있는 바다는 얼음의 두께가 1.2m로 우리 배가 깨기에는 너무 두꺼워 동쪽으로 간다는 말을 나중에 들었다. 얼음이 너무 두꺼워서인지 배는 속도를 늦췄다 다시 빨리 움직이면서 100m 정도 뒤로 물러났다 다시 나아갔다. 엔진을 힘껏 돌릴 때는 그 힘이 대단해 바닷물이 심하게 요동치고 큰 얼음덩어리들이 힘없이 구르면서 밀려났다.

배가 힘차게 나아갈 때, 얼음은 배에 부딪혀 깨어지면서-들리고-뒤집어지고-밀리고-엎어지고-쓰러지고-섞이고-부스러지고-구르고-빠지고-떠가고-움직이고-갈라지고-부서지고-끊어지고-씻기고-오르내리고-올라가고-덮고-덮이고-올라오고-기울어지고-내려가고-솟구치고-가라앉고-벌어지고-넓어지고-흔들리고-좁아지고-돌고-물에 잠긴다.

오늘이 초복이라 그런지 저녁으로 복어국이 나왔다. 작년 초복 날, 친구와 함께 송정역에서 비를 맞으면서 멍멍이 집을 3곳이나 찾아 다녔지만 자리가 없어 결국 소주에 삼합을 먹었던 기억이 떠올랐다. 그 친구는 지금 어디에서 그 좋아하는 멍멍이를 먹고 있을까 아니면 삼계탕을 먹고 있을까?

오후 8시가 지나 잠시 배가 멈추자 연구원들은 20리터짜리 리스킨 샘플러 12개로 된 로제트 샘플러를 채수할 준비를 했다. 바닷물은 바다의 모든 생물을 먹여 살리기 때문에 거의 모든 생물학자, 화학자, 물리학자들은 그 구성 성분과 그 속에 들어 있는 것들을 알기 위해 연구한다. 이것은 바다의 오염물질을 연구하는 중국 여자 과학자에게도 중요한 일이다.

어제와 오늘은 틈틈이 찍어둔 디지털 카메라의 영상을 노트북으로 옮기고 카메라 배터리를 충전하면서 보냈다. 사진은 잘 찍는 것도 중요하지만 무엇보다 정리를 잘해야 한다. 그렇지 않으면 기억이 사라지면서 아무 쓸모가 없어져버린다. 필름 카메라 사진도 그렇지만 디지털 카메라는 사진을 찍기가 워낙 쉬워 더욱 그렇다. 과거, 두 번째로 월동했을 때, 지금은 연구소 극지지구시스템연구부 부장인 최문영 박사

가 둔필승총鈍筆勝聰이라는 말로 그 중요성을 강조했던 것이 떠올랐다.
카메라야 돈만 있으면 쉽게 살 수 있지만 사진을 정리하는 것은 인간
의 일이므로 기계나 돈보다는 역시 사람이 중요하다는 생각이 들었다.

7월 20일 화요일

　머리맡의 형광등이 배의 기관음 때문에 쉬지 않고 떨렸다. 그런데 그 진동 소리가 최근 아주 심해졌다. 며칠 전까지는 크게 느끼지 못했는데 어젯밤은 진동이 심해 손으로 잡은 채 잠이 든 것 같다. 고칠 수도 있을 것 같은데 신고해야 할지 잠시 고민이 됐다.

　"자리를 옮긴다"는 목소리에 깨어 시계를 보니 새벽 3시 50분이었다. 밖은 환했지만 일어나기에는 너무 이른 감이 들어 다시 눈을 감고 움직이지 않았다. 나중에 듣기로 연구원들은 5시가 넘어서 잠들었다고 한다. 그래서 그런지 아침을 먹은 사람은 20명이 되지 않았고, 이중 젊은 연구원들은 아무도 없었다. 남동쪽으로 가던 배가 8시가 지나자 멈추었다. 잠시 후 "점심 먹고 얼음 위로 내릴 것"이라는 말이 들렸다. 이제 사람이 올라서도 괜찮을 만큼 두껍고 넓은 얼음을 찾은 것일까? 이제 얼음연구팀은 얼음 위로 내려갈 수 있을 것이다.

새로 붙인 항해 참가자 포스터에는 영문으로 이름과 소속 그리고 직위를 첨부해 외국인도 보기 쉽게 만들었다. 외국인이 보아도 알 수 있어 전에 붙인 것보다는 훨씬 나아졌다. 그런 점에서 역사는 발전한다. 그래도 조사 경로를 표시하지 않은 것은 큰 정보를 주지 못한다는 점에서 아직도 고칠 점이 있다.

갑판에서 만난 빙해항해사는 자기네 연구소의 70년 된 자료에 의하면 이 부근의 얼음은 8월이 되어야 녹는다고 했다. 그는 우리가 "어제 만난 2년 된 얼음을 지나치고 오늘 1년 된 얼음에 올라간다"며 안타까워했다. 다년빙의 기준은 두께와 색깔로 구분한다. 두께는 수많은 경험을 통해 짐작할 수 있는데, 1년 된 얼음의 색깔은 초록색이 감도는 파란색이다. 그러나 2년 된 얼음은 '신선한 파란색', 곧 '새파란색'을 띠고 있다. 그는 1947년 상트페테르부르크에서 태어났고 1969년부터 북극해양에서 일해, 발틱 해 근무 2년을 포함해 북극 경험 43년이라고 한다.

그는 2차 세계대전의 격전지였던 소련 도시 스탈린그라드가 볼가그라드로 바뀌었다고 말했다. 그라드는 도시를 말한다니 '볼가 강변에 있는 도시'라는 뜻으로 생각된다. 그는 레닌이 상트페테르부르크에서 공부한 것 외에는 아무런 인연도 없는데, 그 도시가 레닌그라드로 불렸던 것에 강한 불만을 표시했다.

배가 섰는데 연구원들이 일찍 나오지 않는다며 안타까워했던 그의 말을 들으니, 얼음을 연구하는 팀과 바다에서 일하는 팀이 한 배에 타지 말고 시기를 달리 하는 것이 좋을 것 같다는 생각이 들었다. 또 자료를 모아 바다가 녹는 시기를 나름대로 판단하고 자문도 받아야겠다는 생각이 들었다.

얼음에 고인 물의 모양은 하트-원, 둥근 다각형, 둥글지만 찌그러진 도안-길고-넓고-굵고-가늘고-휘어지고-좁고-길쭉하고-연결되고-독립된 것도 있지만 대개가 연결되고-작은 원-큰 원-네모난 것-주로 동토의 연결된 늪지-삼각형-소나무-녹고 연결되고-도랑 모양으로 기기묘묘한 디자인을 이룬다.

기온이 올라가면서 얼음이 녹고 비가 와 물이 고이면서 해빙 위에 생긴 작은 연못들은 자연스레 연결된다. 한편 선수 방향으로는 깨어진 얼음들의 능선이 반복되어 능선밖에 보이지 않으므로 그 방향으로 가려면 점점 힘들어질 것이다.

배는 바람과 물결에 따라 움직여, 북위 73°01′과 서경 168°32′에서 조금씩 변했다. 실험실 모니터에 나온 그 영상을 찍고 싶은데, 플래시의 밝은 상이 화면에 생겨 몇 번이나 다시 찍었지만 마찬가지였다. 어두운 상태에서도 플래시 없이 사진을 찍을 수 있는 카메라가 필요하다(그러나 나중에 플래시를 없애는 기능을 배웠다).

날개의 위는 진한 회갈색이고 아래는 아주 연한 회색의 새 1마리가 눈에 띄었다. 날개를 너울거리는 것으로 보아 갈매기 같았다. 한편, 어젯밤에 해양지질조사팀이 찍은 동물은 북극곰이 아니라 해표라고 한다. 사진 색상이 하얗게 나와서 그렇지 실제 색깔은 회색이라고 한다. 실제로 저녁 때 물속을 들락거리는 회색에 검은 점이 있는 것으로 보이는 해표 1마리를 보았다. 이 동물들이 이 부근에서 관찰된 유일한 포유동물이다.

북극곰 감시인인 개리 월러스 씨는 키가 6피트 3인치, 즉 190cm 정도에 몸무게는 215파운드로 약 96kg 정도이다. 대머리에 수염도 하얗지만 체력만큼은 대단한 6척 장신의 거구이다. 아들이나 딸은 없고 자신의 모든 돈과 시간을 쏟아붓는 비행기가 부인이다. 지금까지 수백 마리의 갈색곰, 흑색곰, 북극곰을 잡았으며, 1975년부터 알라스카 패어뱅크스에서 북극곰 감시서비스회사를 운영해 작년에도 25~30마리의 흑색곰과 갈색곰을 잡았다고 한다. 그는 곰을 조준할 때, 머리는 맞출 가능성이 적어 심장이나 폐, 곧 가슴을 조준한다고 한다. 이누이트는 북극곰을 잡을 수 있으나 자신은 생명이 위급한 경우가 아니면 잡을 수 없다고 했다. 알라스카에서 곰을 잡으려면 허가가 필요하지만 알라스카 바깥에서는 필요 없다. 그의 말에 따르면, 곰은 후각이 아주 좋아 바람 따라 흘러간 냄새를 잘 맡고 흔히 바람이 불어가는 쪽에서 나타난다고 한다.

그는 많은 총을 가지고 있지만 그중 큰 것은 2정뿐이며, 가지고 온 총은 35년 전에 구입한 윈체스터 Winchester 458 매그넘 Magnum 이다. 워낙 오래 써서 손에 익었다는 그 총에는 총알이 3발 장전되어 있었고, 주머니 속에도 몇 발을 가지고 있었다. 총알은 M1 총알보다 크고 앞부분이 뽀족한 유선형이 아니라 둥그스름한 유선형이었는데, 총알통과 화약을 뺀 총알의 무게가 510그레인이니 33g 정도이다. 250야드에서 곰을 죽인다니 총의 유효 사거리가 200m가 넘는 거리이다.

그는 북극곰을 감시하는 일이 '대단히 지루하지만 신나는 일' 이라고 했다. 그런 것을 보면 그는 북극곰 감시인으로는 자격이 충분한 사람이다. 그는 사람들이 얼음 위에서 일할 때마다 줄곧 갑판 위를 왔다 갔다 하면서 주위를 감시했고, 바람이 부는 반대 방향을 유심히 관찰하였다. 유머도 풍부한 그는, 실탄이 7발인데 곰 8마리가 나타나면 어떻게 할 거냐는 질문에, 실탄 1발로 곰 2마리를 잡는다고 대답했다! 그는 이름은 기억하지 못했으나 캄차카 반도와 알류샨 열도와 알라스카의 대자연을 찍다가 캄차카 반도에서 갈색곰에게 공격당해 죽은 일본인 사진사를 알고 있었다. 언젠가 패어뱅크스 시 소재 알라스카대학교 박물관에 전시된 그 일본인의 작품들을 보았는데, 사진을 설명하는 그의 표정과 말투로 보아, 그 사진들이 대단히 감동스러웠던 것을 알 수 있었다. 이 글을 읽는 분 중에 그 일본인 사진사를 아는 분이 있을지도 모르겠다.

⚓ 케이지에는 사람을 태우지 않는데 사람을 태웠다.

⚓ 얼음 위로 내려온 연구원들.

⚓ 북극곰 감시인 개리 월러스 씨는 얼음 위로 내려가
작업하는 사람들을 위하여 북극곰의 출현을
배 위에서 감시했다. ⓒ극지연구소

⚓ 케이지를 타고 얼음 위로 내려온다.

⚓ 헬리콥터 격납고.

개리 월러스 씨는 요리를 잘해 친구가 가끔 요리를 해달라고 부른 다고 한다. 요리뿐 아니라 잘하는 것이 아주 많을 것 같았다. 그는 북극곰을 비롯한 맹수를 사냥하고 처리하는 기술이 대단해, 껍질을 벗기고 살을 도려내고 불을 피워 굽는 일쯤은 식은 죽 먹기일 것이다. 물론 자동차와 비행기 운전에도 능숙할 테고, 무엇보다 혼자 살기 때문에 혼자 살면서 일어날 수 있는 여러 가지 상황과 어려움을 극복하는 기술도 보통 이상일 것이라는 생각이 들었다.

그는 우리에게 몇 년 전 타보았던 일본 배에 대한 좋은 기억을 이야기해주었다. 그 한 예로, 흔히 선실에는 TV가 다 있지만 직책에 따라서 그 TV를 통해 자신이 보아야 할 장소를 CCTV를 통해서 볼 수 있게 되어 있다고 했다(그는 이 시스템을 상당히 좋게 생각한 모양으로, 우리 배도 그렇게 하기를 권유하는 것 같았다. 상당히 좋은 시스템이다).

이야기를 나누던 중 한국에서 북극곰 감시인으로 이누이트를 기대했으나 그렇지 않았다는 말에 그는 웃었다. 사실이다. 우리는 이누이트의 얼굴 생김새나 나이나 가족관계나 사냥 기술과 경험이나 교육 정도도 궁금했으며, 그들의 오래된 풍습과 문화도 궁금했기 때문이다.

저녁을 먹은 다음 물건을 내리는 케이지를 타고 얼음 위로 내려갔다. 사람들은 계단으로 내려가고 싶어 했지만 계단을 내릴 상태는 못 되었다. 계단을 내리려면 배가 얼음에 바짝 붙어야 하는데 배와 얼음 사이에 부스러진 얼음이 있어 곤란했기 때문이다. 하지만 케이지를 내리고 올리는 것도 위험하여 조선소에서는 물건은 내리지만 사람은 내리지 않는다는데 모두 잘 내려왔고 물건도 무사히 잘 내렸다. 케이지에서 크게 움직이면 흔들거려 무서울 수도 있었지만, 모두 얌전히 앉아 있었기 때문에 그런 일은 일어나지 않았다.

얼음 위에 쌓인 눈은 생각과 달리 녹지 않고 파삭파삭한 상태라 다행이었다. 길이 300m 정도 되는 얼음에서 자리에 따라 두께는 1.2m에서 2.7m라니 변화가 크다. 러시아 사람들은 얼음 위에서 얼음이 녹을 때까지 얼음과 함께 움직이며 기상과 바다를 측정했다는 글을 오래전에 읽은 적이 있다. 아마 이보다는 두꺼운 얼음일 것이다. 물론 통신을 잘 유지해 무슨 일이 생기면 바로 달아날 준비는 했을 것이다. 얼음 위는 갑판 위보다 더 추웠다. 아마 바다가 평탄해 저항체가 없어 바람이 더 강해져 체감 추위가 심해졌고 얼음에 가까웠기 때문일 것이다.

한국해양연구원 부설 해양시스템안전연구소의 이춘주 박사를 중심으로 한 연구원들은 저녁을 먹은 다음에도 얼음 위에서 계속해서 실험을 했으며 그동안 북극곰 감시인도 긴장을 늦추지 않고 북극곰이 나타나는지 감시했다. 그를 대신해 북극곰을 감시할 만한 사람이 배에 없다는 것을 잘 알기 때문일 것이다. 선의로 이 탐험에 참가한 외과전문의 한상호 선생도 쉬고 싶었겠지만, 오후와 마찬가지로 비상약품을 가지고 얼음 위로 내려갔다.

배의 아랫부분은 얼음에 닿아 진한 초콜릿색 페인트가 다 벗겨져 회백색의 금속이 나타났다. 그래도 장하다! 인천을 떠나 말썽 한 번 부리지 않고 북극까지 왔으니 말이다.

2010년 7월 20일, 오늘은 우리나라의 극지연구사에 있어 기억에 남을 날이다. 우리 쇄빙선으로 북극까지 온 연구원들이 북극 얼음 위에 내려 연구 재료를 모으고 실험했기 때문이다. 얼음 위에 내려온 사람 가운데 양은진 박사와 김영남 박사와 나형술 박사와 이수형 연구원

과 상명대학교 대학원생인 필리핀 사람 매리 마르[N. P. Mary Mar] 씨는 연구

재료를 채집했다(매리는 일본으로 유학을 갈 예정이라는 말을 나중에 들었다). 얼

음이 워낙 두꺼워 처음 생각했던 재료는 채집하지 못했지만 얼음을 채

집해 실험할 것이다. 무거운 사진기를 멘 한승필 씨는 시린 손을 녹여

가며 하나하나 사진을 찍었다. 배로 돌아오기 전에 찍은 단체 사진은

극지연구 역사에 반드시 들어가야 할 귀중한 사진이다.

7월 21일 수요일

목표로 한 바다는 두꺼운 해빙으로 덮여 있어 배는 해빙이 적은 곳으로 와서 멈추었다. 위치가 북위 73°30′ 분, 경도가 서경 167°00′ 이니 알라스카에 가까운 북쪽 바다이다.

아침을 먹은 뒤 갑판에서 만난 빙해항해사가 우현에서 붉은 얼음을 발견했다. 쌍안경으로 자세히 보니 해빙의 옆이 10m 가깝게 붉은색이었다. 처음에는 북극곰에게 죽임을 당한 해표의 피라고 생각했으나 다른 얼음 위에 묻거나 떨어진 자국이 없어 피는 아니었다. 알고 보니 우리 배의 붉은 페인트였다! 터무니없는 상상이지만, 어쩐지 그 페인트를 보며 쇄빙선이 자기를 깨는 것에 기분이 상한 북극 해빙이 쇄빙선의 페인트를 갉아내어 자기 몸에 발랐다는 생각이 들었다. 그 얼음은 아주 보기 드문 귀중한 얼음이라 사진을 몇 장이나 찍었고 점심때 만난 한승필 씨에게 알려주었다.

날씨는 안개비가 내릴 정도로 해무가 심해 무척 음산했고 기분 나쁠 정도로 추웠으나, 빙해항해사는 아주 기분 좋은 날씨라고 말했다. 그의 말로는 영하 15℃에서도 장갑을 끼지 않으며 영하 20℃는 되어야 낀다고 한다. 게다가 여름은 답답하게 느껴질 정도라고 하니 그는 추운 곳에서 줄곧 살면서 추위에 완전히 적응했다는 것을 알 수 있었다.

그는 우리에게 이런저런 설명을 해주었는데, '상트페테르부르크 Saint Petersburg', '예카테린부르크 Yekaterinburg'의 '부르크'는 네덜란드 말로 '도시'라고 한다. 그 도시를 세운 러시아 대제 피터 Peter 1세가 네덜란드에서 공부했기 때문이며 예카테리나는 그의 부인이다. 우랄산맥의 동쪽에 있는 예카테린부르크에서 1918년 7월 17일 러시아 마지막 황제 니콜라이 Nicolai 2세 가족이 비참한 죽음을 당하면서 러시아제국이 사라졌던 것은 유명한 사실이다.

점심 먹을 때 헬리콥터 조종사인 마르티 스토버 Marty Stauber 씨가 내 모자를 보더니 그것을 가지고 어디론가 가더니 자기 모자를 가져왔다. 모자 앞에 붙은 남극과학연구단 패치가 가지고 싶었던 모양이다. 사실, 그 모자는 놈에서 만나게 될 미국 관광객들에게 우리나라의 남극연구를 알리려고 쓰고 왔는데, 관광객이 없어 실망한 채 그냥 쓰고 다녔던 모자이다. 이제 그 모자는 앵커리지에서 우리나라 남극연구를 알릴 것이다. 패치야 구해서 또 붙이면 되지만 그래도 정이 든 새 모자라 잠깐 아쉬움이 들었다. 게다가 집사람이 남극으로 간다고 손수 준비해준, 귀 덮개가 있는 유명한 상표의 비싼 모자였다. 그가 대신 준 진한 회색 모자는 헬리콥터회사가 만든 것으로, 새 것이라 튼튼하겠지만 겉모양이 낡아 보였다. 이 모자를 볼 때마다 쇄빙선-북극-놈-헬리콥

유빙으로 덮인 바다.

바다로 내려가는 멀티 코어러.

터-내 모자가 생각날 것 같다. 이렇게 해서 아름답고 잊지 못할 또 하나의 추억이 생겼다.

내 선실 맞은편에 머무르고 있는, 해양대학교 김정만 교수가 자기네 학교가 만든 도자기 컵 하나를 정경호 수석과학자와 나에게 선물해 주었다. 초록색 벽돌 무늬에 하얀 꽃이 그려진, 가볍지만 탄탄하게 보이는 컵이었다. 바닥에 성 제임스 등록상표 표시가 있는 것으로 보아 영국의 저작권이라 생각되었다. 뚜껑까지 있어 꽤 쓸 만한 컵이었다. 하지만 이곳에서 쓰기에는 어울리지 않는 것 같아 포장을 풀지도 않았다. 나는 답례로 할 게 아무것도 없어 잠시 망설였지만 저녁식사 시간이 되어 일단 식당으로 향했다.

저녁 메뉴로 참치와 멍게 그리고 물에 데친 주꾸미가 나와 오랜만에 소주를 마셨다. 알코올 도수 16.8도짜리라 그런지 취기가 오르지는 않았다. 그래도 반병만 마셨는데도 어느새 기분이 좋아졌다. 남은 소주를 얼음 속에 보관하려고 하자 한 선생이 마저 마시겠다며 새 병과

플랑크톤 네트에서 채집통을 떼어낸다.　　채집된 생물들을 살펴보는 연구원들.

바꾸어 갔다. 반쯤 비운 소주병이 여기저기 보이는 것보다는 깨끗이 비운 병이 처리하기에도 좋을 것이다.

　저녁을 다 먹은 다음 캔 맥주를 들고 헬리콥터 조종사들이 있는 테이블로 갔다. 그들은 새우깡을 들고 신기한 듯 들여다보고 있었는데, 아마도 포장 봉지만으로 안에 내용물이 새우와 관계가 있고 새우 맛이 날 거라는 것을 아는 듯했다. 정비 기술자인 키가 큰 데이빗 샌더슨 David Sanderson 씨는 10년 전 뉴질랜드 크라이스트처치 - 맥머도 기지 - 남극점의 아문센 - 스콧 기지까지 갔다 왔다고 했다(그가 공군수송기 C-130의 조종사 자격은 있지만 헬리콥터 조종사 자격이 없다는 것을 나중에 알았다). 그들은 새우깡이 먹을 만하다고 입을 모았다. 잠시 후 후식으로 냉동 감이 나왔는데 내가 이것은 '감'이라고 말하자 그들도 알고 있다는 표정을 지어 보였다. 그런데 씨도 없고 껍질도 벗겨 상당히 손질을 한 것인데도 그들이 특별한 말을 하지 않는 것으로 보아 입에 썩 맞지 않는 모양이었다. 그들은 내가 인천에서 배를 타고 다시 인천에서 내릴 것이라는 사실을 의아하게 생각했다. 다른 사람들이 선뜻 나서서 하지 않는 일을 한다는 게 이상하게 보였을지도 모른다. 인생을 한자리에서 한 가지 방법으로만 살지 않고 기회가 생기면 이런 일 저런 일을 한다고 생각되는 그들에게는 공부하는 학자가 신기하게 보일지도 모른다.

남승일 박사가 멀티 코어러multi-corer 로 하는 퇴적물 채집 작업은 잘 되지 않았다. 멀티 코어러는 1번에 1개가 아니라 8개를 시추하는 새로운 시추기이다. 이 항해에 앞서 동해 시험 항해에서는 잘 되었다는데 여러 사람이 달라붙어서 해보았지만 반 정도의 성공이었다. 첫술에 배부르지는 않을 것이다(그래도 나중에는 잘 되었다). 학문의 상당 부분은 노동이다. 실제 실험을 할 때는 온몸에 진흙을 묻히고 찬물에 손을 넣고 고무줄을 당기고 무거운 것을 들고 오가기를 수없이 반복한다. 실험실에서는 1cm씩 잘라서 말리거나 표면 퇴적물은 체로 씻고 말리고 나누고 현미경으로 골라내고 일일이 세어서 모아둔다. 연구다운 연구는 15% 정도일 것이다. 그 연구로 수천 년 전의 기후와 변화를 알아낼 것이며, 기후를 변화시킨 이유를 밝혀낼 것이다.

한편, 이 부근에 온 뒤로 태양이 지지 않는다. 6월 21일 하지에 태양의 고도는 북극점에서는 23.5°로 그렇게 높지 않으며 남쪽으로 내려갈수록 높아진다. 그러나 그보다 더 중요한 것은 북위 66.5°보다 북쪽에서는 24시간 태양이 지지 않는다는 사실이다. 그러나 지금은 하지가 지난 지 1개월이 되었으므로 태양도 남쪽으로 상당히 내려왔고 고도도 낮아졌을 것이다. 또 북위 66.5°의 북쪽에서도 태양이 뜨고 질 것이다. 그러나 아직 여기까지는 그렇지 않아 하루 종일 태양이 있다. 태양은 동쪽에서 떠서 서쪽 하늘로 가다가 지방시 12시에 남중하여 태양의 고도가 가장 높아지며 그 방향이 남쪽이다. 가장 높아졌던 태양은 지구 자전에 따라 서쪽으로 가면서 낮아지다가 밤 12시에는 남중했던 위치의 정반대 지점에서 가장 낮아진다. 곧 자정이며 그 방향이 북쪽이다. 그러나 아직은 수평선 아래로 내려가지 않으므로 결국 하루 종일 태양은 지지 않고 머리 위에서 큰 원을 그리면서 빙빙 돈다. 물론 그러다가 얼마 지나면 태양이 수평선 아래로 내려가 밤이 생기며 9월 21일에는 밤과 낮의 길이가 똑같은 추분이 된다. 이런 이론은 몰라도 상관이야 없겠지만 정말로 태양이 지지 않는다는 게 신기했다. 한편 배의 커튼으로는 밝은 것을 제대로 막지 못하니 안대가 필요하다. 여담이지만, 안대는 대한항공 승무원에게 말만 잘하면 쉽게 얻을 수 있을 것이다.

7월 22일 목요일

배는 지난밤 목적지로 가다가 안개가 심해 멈춰 섰다. 안개는 바다에서 종종 얼음 다음으로 문제가 된다. 배가 흔들리지 않아 오랜만에 손잡이를 붙잡지 않고도 40분간 운동을 할 수 있었다. 얼음이 많으면 파도가 얼음에 부딪혀 바다가 고요해진다.

안개는 10시가 조금 못 되어 비로 변했다. 인천을 떠난 이후 비다운 비가 내린 것은 이번이 처음이었다. 북극에서 눈을 보기 전에 비를 볼 수 있다니 기분이 묘해졌다. 어쩌면 내가 북극을 모르기 때문일 수도 있다. 북극이라고 해서 비가 오지 않을 이유는 없다. 그러나 비는 1시간이 채 못 되어 그쳐버렸다.

김진우 이등항해사의 말로는 북극의 얼음이 남극의 얼음보다 더 강하다고 한다. 그가 지난 1월 남극대륙 기지 후보지를 답사하려고 남극에 갔을 때 이 정도의 얼음은 헤치고 갔는데 여기는 다르다고 말했다.

그 말을 듣고 한 가지 떠오른 것은, 북극 바다의 염분이 남극 바다보다 낮다는 점이었다. 그렇다면 북극의 얼음이 남극의 얼음보다 더 강할지도 모른다. 염분이 얼음결정 사이에 끼면서 짠물의 얼음이 민물 얼음보다 약하다는 말을 며칠 전 저녁을 먹다가 한국해양대학교 최경식 교수한테서 들었기 때문이다.

배는 얼음덩어리로 둘러싸인 지름이 수백 미터나 되는 물에 서 있다가 북동쪽으로 달렸다. 얼음이 많은 바다 위를 달리고 있기 때문에 배의 여기저기에서 쿵쿵거리는 소리가 들려왔다. 그러다가 오후 2시 44분경 배가 아주 크게 흔들렸다. 두꺼운 얼음을 제대로 때렸을 것이다. 그래도 배는 쉬지 않고 두꺼운 얼음을 헤치고 힘겹게 가다가 4시 반경 해무가 낀 바다 얼음의 한가운데에 멈춰 섰다. 정 박사는 안개가 심하고 얼음이 너무 두꺼워 일단 기다린다고 말했다. 무리할 필요는 없다. 4시 40분 가까이 되어 배의 위치는 북위 73°47′, 서경 166°56′으로, 3시간 전보다 20km도 움직이지 않았다. 밖의 기온은 0.6℃였으며 수온과 염분 자료가 오늘 아침부터 이상하게 나왔다.

⚓ 안개가 끼어 먼 곳이 보이지 않는 바다.

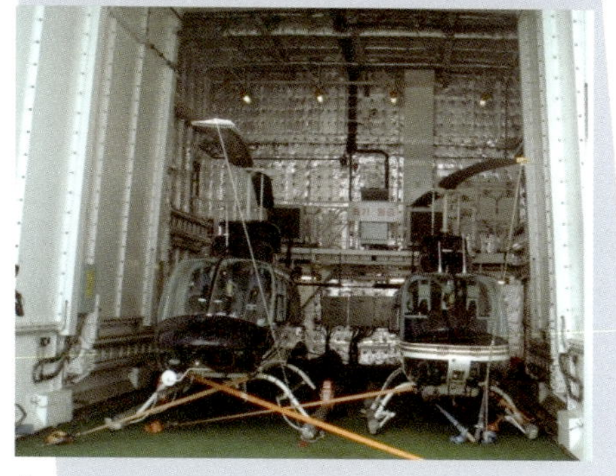

⚓ 격납고에 보관 중인 헬리콥터.

저녁식사 시간, 식당 문에 '후식을 먹기 전에 식기를 정리해달라'는 안내문이 붙어 있었다. 어제 너무 늦게까지 앉아 있었던 탓일까? 그럴지도 모른다. 게다가 소주와 맥주도 보이지 않았다. 돼지고기 편육과 오징어젓 그리고 상치를 안주로 해양대학교 남청도 교수가 들고 온 소주 1병을 몇 사람이 나누어 마시자 조리장이 또 1병을 들고 왔다.

쇄빙선이 나갈 만한 길을 찾으려고 8시경 선장과 빙해항해사와 사진사를 태운 헬리콥터가 이륙했다가 5분도 되지 않아 착륙했다. '(얼음으로 덮인) 똑같은 바다'라는 게 선장의 착륙 소감이었다. 그만큼 우리가 있는 바다가 얼음으로 둘러싸였다는 뜻일 것이다. 게다가 해무는 오후보다 심해지며 시야가 더 나빠졌다.

초조해한다고 해서 바다 얼음이 열리지는 않을 것이다. 그냥 기다리면 된다. 하지만 이것도 생각뿐, 마음은 그러지를 못해 점점 불안해졌다. 문득 안절부절못하고 초조해하는 것은 인간뿐, 자연은 언제나 섭리대로 움직일 거라는 생각이 들자 불안한 마음이 조금 누그러졌다.

7월 23일 금요일

안개가 심하지만 바람이 없어 좋은 날씨였다. 바람이 없으니 무엇보다도 춥지 않아 좋았다. 오전에는 얼음 위에서 일하는 팀을 갑판 위에 서서 구경하면서 북극곰 감시인과 이런저런 이야기하다가 10시 가까이 되어 무지개를 보았다. 생각해보니 해가 나기 시작하면서 생긴 무지개였다. 희미하지만 분명히 반원형으로 동쪽에 태양이 있어 서쪽 하늘에 생겼다. 보기 드문 현상이라 부지런히 찍어댔다. 하지만 찍어 놓고 보면 희미해서 적당히 방향을 맞추고 셔터를 눌렀다(나중에 보니 조금 희미한 것이 흠이지만 꽤 쓸 만한 사진이 1장 있었다). 누군가가 이 무지개는 rainbow가 아니라 snowbow라고 했다. 일리 있는 말이다. 비가 와서 생긴 게 아니라 눈이 와서 생겼기 때문이다. 게다가 하늘에 떠 있는 것이 얼음결정이므로 햇빛이 제대로 투과하지 못해 희미한 것인지도 모른다.

점심을 먹은 다음에도 바람 없고 해가 비치면서 따뜻하고 기분이
좋았다. 이런 날은 마치 양지바른 곳에 기대어 앉은 기분이 들고 뱃놀
이를 하는 것처럼 느껴지기도 한다. 12시 46분 배가 움직이기 시작했
고 1시 20분이 넘어 해무가 끼기 시작했다. 얼음이 뱃전 가까운 곳에
서 깨어지는 모양과 배의 오렌지색 페인트가 묻은 얼음과 신기한 모습
의 얼음들을 찍었다.

중국 사람의 말로는 2008년 여름에 설룡호는 북위 85°까지 올라갔
다고 한다. 그때 북위 83~84°에서는 북극곰을 많이 만났다고 했는데,
곰이 사람 무서운 줄 모르고 배 바로 아래까지 왔다고 한다. 그런데 곰
을 만난 것도 행운이었지만 그때는 북극의 얼음이 많이 녹아 중국 사

람들은 운이 아주 좋았던 것 같다.

오후 5시경, 해가 다시 나타나 얼음 사이에 있는 물에 비친 해를 몇 장 찍었다. 물에 비친 해는 바닷물이 액체인지라 미끄럽게 보이고 부드러워져, 하늘에 있는, 눈으로 보기 힘든 해와 아주 다르다. 이 밖에도 얼음이 생기는 과정으로 보이는 모양들을 찍었다. 그 모양은 둥글거나 불규칙하지만 선명하지 않았는데, 그 선들이 얼음이 생기는 곳이라 생각한 것은, 얼음결정은 이미 만들어진 얼음결정에 붙는다면 그 외곽은 날카롭지 않고 불규칙하고 분명하지 않은 자연스러운 선이 생길 것이기 때문이다.

오후가 되어 "헬리콥터를 타라"는 말에 서둘러 준비했으나 밀려오는 해무에 2번씩이나 비행이 취소되었다. 그러나 8시 50분경 배가 떠나면서 날씨가 아주 좋아졌다. 머피의 법칙이 그대로 들어맞았다! 하지만 다음에도 기회가 있을 것이다. 한편, 내일 9시부터 12시까지 체육관과 사우나를 쓰지 말라고 하는데 무슨 말인지 어리둥절했다(나중에 들으니 그 시간에 여자 연구원들이 체육관을 사용한다고 한다. 그런데 그런 제한이 단 1번만 있었다!).

⚓ 북극곰 감시인 개리 월러스 씨.

⚓ 햇빛에 녹아 생긴 아름다운 연못들로 덮인 해빙.

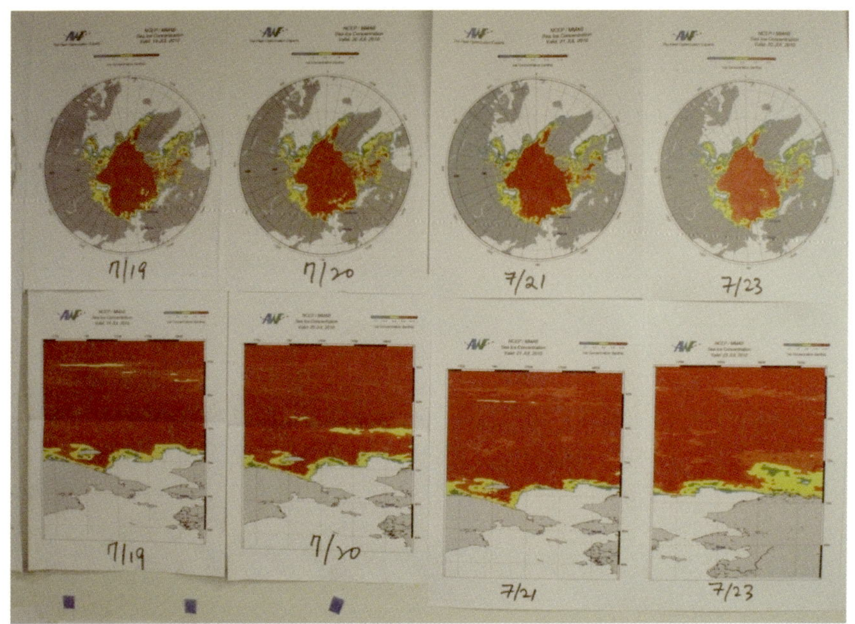

⚓ 북극(위)과 연구 지역의 해빙 분포. ⓒ응용기상기술(SWT)

배는 흔들리고-기우뚱거리고-쿵쿵거리고-얇은 얼음은 지나가는지 모르게 지나가고-덜컹거리고-울리고-기울어지고-미끄러지고-삐걱거리고-멈칫거리고-여기저기 긁히면서도 잘 갔다.

야식 먹는 장면을 찍으려고 나가보니 몇 사람밖에 없었다. 메뉴가 우동이라서가 아니라 늦게까지 일을 하지 않았기 때문인 것 같았다. 해가 아주 밝고 날씨가 좋아 그냥 자기에는 해에게 미안할 정도였다.

오늘로 놈에서 배에 올라온 지 일주일째가 되었다. 시간이 생각보다 느리게 간다.

7월 24일 토요일

눈을 떴을 때 배가 덜 흔들렸다. 해빙이 적은 곳을 지나가고 있다는 느낌이 들었다. 밖으로 나와 보니 그래도 얼음이 해면의 70% 정도는 되는 듯싶었다. 배는 남동 방향으로 평소 속력의 절반 정도로 달렸다. 햇빛이 들면서 얼음이 적은 바다로 향했다.

아침을 먹으러 식당으로 내려가자 게시판에 적힌 붉은 글씨가 눈에 띄었다. 오늘은 미국 EEZ를 통과하느라 아무 실험도 하지 못하며 25일 오전 9시에 목적지에 도착하고 10시부터 다시 일할 수 있다는 내용이었다. 아마도 얼음을 피해 남동쪽으로 내려갔다가 북동쪽으로 올라가면 얼음도 피하고 EEZ도 피할 수 있다는 생각으로 내린 결정 같았다.

식당에서 만난 한국해양대학교 최경식 교수와 이야기를 나누었다. 그는 오래전부터 남극연구에 참가해왔는데 올해는 북극연구에 참가하게 되었다고 했다. 최 교수는 주로 쇄빙선의 충격에 따른 얼음의 깨짐을 측정했는데, 배가 얼음을 깨뜨릴 때 배 앞쪽 아랫부분에 장착한 감지기들을 통해서 충격과 변형의 정도를 측정했다. 그러려면 얼음의 두께와 온도, 얼음의 비중, 얼음의 단단한 정도나 신선한 정도나 얼음층과 물층의 반복 같은 물리 상태를 미리 알아야 하므로 얼음 위에서 일해야 한다. 얼음의 상태 또한 한 부분만이 아니라 여러 부분의 것을 알아야 하므로 넓은 얼음이 필요하다. 이런 자료는 쇄빙상선을 설계할 때에도 요긴하게 쓰인다. 최 교수는 과거 MIT에서 공부했을 때, 지도교수의 의견에 따라 석유회사가 주는 장학금으로 얼음을 공부했다고 한다. 당시에는 이쪽 분야의 미래가 불투명했지만 지금 그는 우리나라에서 몇 안 되는 얼음공학 분야의 전문가 중 한 사람이 되었다.

얼음을 깰 때마다 배에 아주 미세한 변형이 생긴다고 한다. 얼음에 부딪힌 부분이 찌그러지는 것으로, 그 크기는 1,000분의 1mm 정도로 아주 미미하다. 그 강한 쇄빙선의 강철이 찌그러진다고 해서 의아하게 생각할 필요는 없다. 얼음이 아무리 강철에 비해 약하다고 해도, 강철도 계속해서 둔탁한 것과 부딪치면 찌그러지고 닳고 피로해지기 마련이다. 최 교수는 한진중공업이 배의 앞쪽에 늑골을 필요 이상으로 아주 빽빽하게 대었다. 그 말을 들으니 내부기관 공사에는 조금 소홀했을 것이라는 생각이 들었다고 했다. 그래서인지 실제 선실이나 식당의 벽지, 바닥과 같은 부분들이 그다지 고급스러워 보이지 않았다.

10시 반쯤 되자 쇄빙선은 북쪽으로 올라가기 위해 침로를 바꾸어 북동 방향으로 향했다. 날씨가 좋아 갑판에서 얼음이 깨어지는 모양을 구경할 수 있었다. 가만히 지켜본 그 모습은 여러 가지였다.

쇄빙선에 부딪친 얼음은 움직여 깨어지고 벌어져-그냥 보면 유리 같아-다른 얼음에 들리고-밀리고 부딪치고-물결에 따라 큰 덩어리의 가운데가 갈라져-작게 부스러지고-떠오르고 가라앉아 뒤섞여-얼음이 부서지는 것을 예상하기 힘들어-물리법칙에 따라 깨어지지만 그 요인을 몰라-충격-전달-방향-파도가 달라-운반되고-조각이 눌리고 떠오르고 요동치는 가운데 힘이 여기저기로 전달-깨뜨려-깨어지고-눈이 많이 녹으면 위가 거뭇거뭇해져-물에 잠기고-씻기고-덮이고-떠가고-자기들끼리 부딪치고-빙빙 돌고-가까이 오고-멀리 밀려가고-눈이 겹쳐지고-떠받쳐 올려지고-출렁거리고-파도를 일으키고-엉키고-쌓이고-올라타고-거대한 다각형이 돌아가고-쓰러지고-반으로 갈라지고-둥근 모양으로 쪼개지고-갈라지면 틈이 넓어져-몇 조각나고-조각이 틈으로 떨어진다.

뒤갑판에서 만난 새들을 유심히 살펴보니 몇 가지 종이 눈에 띄었다.

먼저, 가장 많이 봐왔던 세가락갈매기가 역시 가장 많았다. 이 갈매기가 부채처럼 활짝 펴는 꼬리는 아래위가 하얀색이었다. 이 새는 배의 스크루가 회전해 생긴 물결에 떠오르는 작은 물고기를 건져 먹는다. 하지만 몸집이 작아 종종 먹잇감을 뺏기기도 한다.

다음으로 눈에 뜨인 것은 머리와 날개 위와 꼬리까지 아주 새까맣고 꼬리 가운데 깃이 긴 새였다. 날개의 아래는 회색으로, 머리는 검고 목은 누르스름하고 가슴은 검고 배는 하얗고 그다지 크지 않았다. 이 새는 세가락갈매기가 잡은 먹이를 뺏어 먹으려고 계속해서 따라다녔다. 하지만 늘 그런 것은 아닌 모양으로, 가끔 물에서 먹이를 잡기도 하고 물 위에 앉아 호기심 가득한 눈으로 사람들을 관찰하기도 하였다.

그다음으로 눈에 띈 것은, 부리부터 꼬리 끝까지 온몸이 새까맣고 꼬리 가운데 깃이 상당히 길고 마지막 부분은 불룩하게 보이는 몸집이 상당히 큰 새였다. 그런데 이 새 역시 세가락갈매기가 잡은 먹이를 뺏으려고 따라다녔다.

이 외에도 몇 종이 더 보였는데, 정확한 이름을 알 수 없어 궁금증만 가득 일었다.

새들에게서 눈을 돌려 다시 얼음을 내려다보았다. 얼음을 보고 있으면 가끔 얼음과 물의 경계를 볼 수 있다. 푸르스름한 얼음 사이에 크고 작은 구멍들이 있다거나 검푸른 물이 있는 경우, 구멍이나 물의 경계는 얼음과 물이 닿는 부분이자 얼음이 녹거나 새로운 얼음결정이 생기는 곳이다. 지금은 여름이라 주로 녹겠지만 조건에 따라 새로운 얼음이 생기기도 할 것이다.

저녁때, 7월에 태어난 박조현 해양조사원 주무관, 신동섭 전자장, 김남훈 조리사, 이수영 연구원의 조촐한 생일 파티가 열렸다. 반주 없이도 생일 축하 노래에 맞춰 사람들이 손뼉을 치고 주인공이 케이크에 꽂은 촛불을 끄면 함께 박수를 치며 축하해주는 평범한 생일 파티였다. 그래도 본인들에게는 북극에 나온 쇄빙선에서 생일 파티를 한 것이 평생 기억에 남을 것이다.

쇠고기 등심을 구워 된장과 채소에 싸서 먹고 맥주에 소주를 탄, 그렇게 독하지 않은 소폭주를 마시니 기분이 한결 좋아졌다. 더 마시고 싶었지만 과음하지 않는 게 좋을 것 같아 잔을 내려놓았다. 곶감 개수가 너무 적어 외국 사람들이 맛을 보기 전에 모두 사라진 게 조금 안타까웠다. 서양 사람들은 감은 알아도 감을 말려서 먹는 것은 모를 것이

⚓ 구름이 떠 있는 파란 하늘과 유빙으로 덮인 파란 바다.

⚓ 7월에 태어난 사람들.

다. 그들에게 우리 조상의 지혜를 알려줄 좋은 기회를 놓쳤다는 생각
에 더더욱 아쉬웠다.

해무가 가끔 끼었으나 해가 다시 나타났고 바람이 적어 좋은 날씨
였다. 헬리콥터 갑판이나 뒤갑판과 같은 햇빛이 잘 드는 따뜻한 곳에
서 흘러가는 얼음과 구름과 새를 구경하는 것만으로도 심심할 겨를이
없다. 이런 날은 완전히 뱃놀이를 하는 기분이 든다.

한편, 어제까지도 잘 나오던 스위스 육군 볼펜이 갑자기 잘 나오지
않았다. 잉크가 없는 것은 아닐 텐데 그냥 버리기에는 아주 잘 만든 볼
펜이어서 집에 가지고 가서 어떻게든 해봐야겠다. 10시가 넘어 배는
짙은 해무 속으로 천천히 들어갔다.

7월 25일 일요일

　새벽 5시쯤 눈을 뜨자 햇빛이 창문 가득히 쏟아졌다. 배는 물이 거의 보이지 않는 얼음 바다를 지나고 있었다. 6시 반경 북위 75°, 서경 160°에 수심이 2,000m 정도인 곳에 도달했는데, 군데군데 넓은 얼음들이 보였지만 물이 80%는 됨직한 곳이었다. 누군가가 "제대로 온 것 같다"고 말했다.

　북극의 얼음은 2, 3년이 되면 염분이 빠져 색깔도 새파랗게 되고 더 강해지는 반면에 밀도가 작아지는지 궁금했다. 상식대로라면 무거운 염분이 빠지면 밀도는 작아져야 한다.

　아침식사 시간이 끝나자 연구원들은 20리터짜리 리스킨 채수기 12개를 단 로제트 채수 장치를 1,800m까지 내리기 위해 부산히 움직였다. 그 채수기가 내려가면서 부착된 장비는 수온, 염분, 용존산소, 광투과도, 전도성, 밀도, pH를 포함해 무려 15가지의 정보를 알려준다.

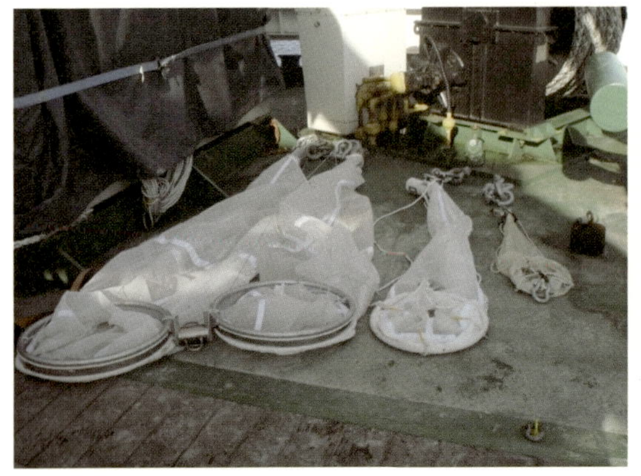

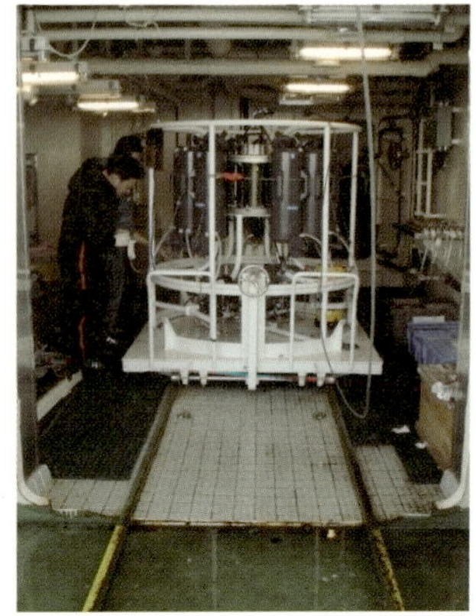

⚓ 해양생물 채집용 그물들.　　⚓ 채수기.

⚓ 수심 500m에서 올라온 생물체. ⓒ극지연구소 한승필

채집된 물은 불활성원소와 메탄 성분과 미생물을 분석하는 데 쓰인다. 해양물리에 해양화학에 해양생물에 용도가 아주 많지만 부착된 장비가 무슨 이유에서인지 채수기를 올릴 때 정보를 보내지 않았다. 나중에 윈치 케이블이 누전되었다는 것을 알아내었다. 거의 2km에 가까운

민감한 케이블 어딘가에 흠이 생겼을 수도 있다.

수심 500m에서 들어 올린 봉고 네트에는, 작지만 경이로운 생명체들이 바쁘게 움직이고 있었다. 빨간 촉수를 단 투명한 동물이 가장 많았고, 길이가 10cm는 될 정도로 길고 납작하면서도 머리 양쪽 끝에 눈이 있는 투명한 동물도 1마리 있었고, 작지만 색이 뚜렷한 갈색의 해파리 1마리도 보였다. 모두 이 차고 깊은 바다에서 살아가는 대자연의 산물로, 비록 크기는 작아도 귀중한 생명체들이었다.

이곳에서 유난히 눈에 띈 것은 갈색 먼지에 덮인 것처럼 보이는 더러운 얼음이었다. 전에도 연한 갈색의 얼음을 본 적이 있었지만 양도 많지 않았고 색도 그다지 진하지 않아 적당히 넘겼는데, 여기서는 그럴 정도가 아니었다. 배의 좌현에 있는 얼음에는 넓이와 색깔이 무시하지 못할 정도였다. 쌍안경으로 자세히 들여다보니 진한 갈색의 아주 고운 진흙이나 모래로 보이는, 층의 두께가 수 밀리미터에서 1센티미터가량 되는 것도 보였다. 단순히 얼음에 덮인 것을 넘어 아예 얼음 속에 층으로 들어 있다고 생각될 정도로 두꺼웠다. 남승일 박사의 설명에 따르면, 이런 얼음을 '더러운 얼음^{dirty ice}'이라고 부르며 동시베리아 대륙붕에서 생긴 얼음이라고 한다. 대륙붕이 얕아 얼음이 바다 밑바닥에 닿았다가 모래와 진흙을 파 올린 것이다.

배는 10시가 넘어 몇 차례 아주 심하게 덜컹거렸는데 단단한 얼음이 아주 많은 바다로 들어온 모양이었다. 어쩐지 기관 소리도 아주 힘겹게 들렸다.

오늘 날짜를 확인하다 보니 문득 딸아이가 생각났다. 서울은 지금이 7월 26일이겠지만 25일은 그 아이가 프랑스 보르도에서 태어난 지

⚓ 동시베리아 대륙붕에서 온 더러운 얼음.
얼음이 얕은 바다에서 만들어져 해저의 퇴적물이 얼음에 섞여 있다.

만 33년이 되는 날이다. "아빠! 아빠!" 하며 온종일 따라다니던 녀석이 어느새 시집을 간 지도 1년 반이 넘었다. 딸아이를 생각하니 덩달아 아내 생각도 떠올랐다. 아이를 키우며 고생도 많았을 텐데……. 모쪼록 딸아이 부부가 건강하고 행복하기를 조용히 빈다.

7월 26일 월요일

6시 반, 갑판에서 내려다본 바다의 얼음이 상당히 두껍다는 생각이 들었다. 녹은 부분이 넓지 않고 능선도 많고 눈에 덮인 부분도 많아 보기에도 얼음이 두껍고 강도가 셀 것 같다는 느낌이 들었다. 이런 바다를 뚫고 온 것만도 대단하다!

선교의 김대영 항해사의 말로는 어제 오후 9시 반에 출발해 1시간 반 정도면 목표지점에 도달할 것이라 예측했지만 도중에 얼음이 두꺼워 돌아가는 바람에 자정에 닿았다고 한다. 돌아간 항적이 선명한 항적도 1장을 프린트해달라고 부탁하여 얻었다.

아침을 먹기 전인데도 중국 사람들은 아래 갑판 뱃전에서 연구하기에 바빴다. 노트북을 들여다보는 연구원의 지시를 따라 다른 연구원은 긴 막대기를 수평으로 유지했다. 노트북 모니터에는 무언지 알 수 없는 복잡한 파형만 수없이 그려져 있었다. 아침 먹을 시간인 7시경 해가 보이기 시작했다. 해무만 걷히면 아주 좋은 날씨가 될 것이다.

헬리콥터 정비사가 아침을 먹으면서 책을 보고 있었는데, 어제 곰 감시인도 3층 회의실에서 책을 읽던 모습이 떠올랐다. 미국 사람들은 여가 시간에 주로 책을 읽는 것 같다. 그런 습관은 어렸을 때부터 들여야 한다는 생각이 들자, 우리나라의 독서 습관을 다시 한 번 생각하게 되었다.

아침을 먹으면서 해양대학교 최 교수와 이런저런 이야기를 나누었다. 우리 연구소에는 얼음공학 전문가가 없어서인지 얼음공학자들을 위한 배려가 부족한 것 같았다. 그래서 배에서 하는 생활을 불편하게 생각하는 것 같았는데, 그렇다고 그들만을 위한 공간을 만들기는 여의치 않고 연구 계획을 조정한다거나 해서 그런 불편을 최대로 줄이는 것이 앞으로의 할 일이라는 생각이 들었다.

이야기를 하던 중 북극곰이 길이 8m를 뛰어 갑판으로 올라올 수 있다는 말이 나왔다. 설마 그런 일이 생기지는 않겠지만 만약 그런 일이 일어난다면 그야말로 비상사태가 될 것이다. 문을 잠근다고 해도 문을 때려 부술지도 모르니 말이다. 철문이야 부수지 못하겠지만 선실 문 정도는 어렵지 않게 부술 수 있을 것이다. 그러나 나는 지금까지 북극곰이 배에 올라왔다는 말은 들어본 적이 없어 크게 걱정되지 않았다. 그래도 곰 감시인의 말로는 간혹 곰이 그물사다리를 타고 올라오기도 한단다. 난생처음 듣는 이야기였지만 곰이 재주 부리는 것을 떠올려보면 충분히 그럴 가능성도 있어 보였다. 그의 말로는 곰이 이륙을 서서히 준비하는 보잉 747처럼 느리게 달리는 것처럼 보여도, 사실은 성큼성큼 뛰어 3, 4m를 한걸음에 뛰기 때문에 아주 빠르다고 한다.

⚓ 물빛이 옥색인 것은 그 아래에 있는 얼음 때문이다.

⚓ 아름다운 북극의 바다.

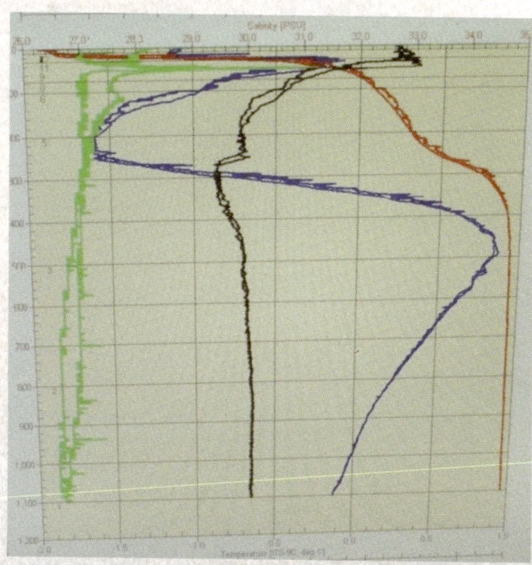

⚓ 수온(파란색)은 깊어지면서 낮아지는 게 보통인데 그렇지 않다. 적색은 염분, 녹색은 클로로필, 흑색은 용존산소를 나타낸다.

⚓ 연구원이 채수를 하기 위해 뚜껑을 열어놓은 채수기.

곰이 달리는 모습은 TV에서도 본 적이 없지만 왠지 그의 말이 맞을 것 같았다.

'한국 스테이크 3인분'이라는 말이 맞을 정도로 아주 큰 티본스테이크가 점심 메뉴로 나왔다. 맛도 맛이었지만 어렸을 때부터 '먹는 것을 버리지 말라'는 가르침도 생각났고 멀쩡한 것을 그냥 버리기 아까워 다 먹었다. 그러나 상당수의 사람들은 반도 제대로 먹지 못해 버려진 고기의 양이 전체 고기의 4분의 1가량은 되어 보였다. 그렇다면 3, 4번 먹을 양으로 2, 3번밖에 먹지 못한다는 계산이 나온다. 어쩐지 반갑지 않은 기분이 들었다. 한편, 미국 사람 넷과 러시아 사람 둘은 오랜만에 흡족히 고기를 먹었을 것이다. 그동안 우리나라 음식이 통 입에 맞지 않아 고생해왔기 때문이다. 조리장이 따로 신경을 쓰기는 하지만 그들이 소수인지라 한계가 있는 건 어쩔 수 없는 일이었다.

오후 2시 반경부터 배가 얼음을 깨는 광경을 구경했다. 얼음은 유리 같은 강체로 힘을 받으면 그 부분이 먼저 깨어지고 얼음의 안쪽 다른 부분, 생각건대 약한 부분을 따라 깨어지면서, 이때 생기는 금은 멀수록 좁아진다. 이것이 얼음의 특징이고 쨍그랑 소리를 내면서 한번에 깨어지는 유리와 완전히 다른 점이다. 물론 배가 앞으로 나아가면서 얼음이 밀리고 갈라지며 금은 점점 넓어진다. 그러나 가끔 깨어질 것 같지 않은 반대편 변두리가 동시에 또는 먼저 깨어지는 경우가 있다. 이는 얼음이 연결되어 있고 그쪽으로 힘이 전달된 결과이다. 곧 얼음의 면적, 굳기, 두께를 포함한 여러 물리 인자가 다르고 충격의 방향이 달라, 우리가 이해하지 못하는 부분이 깨어지는 것이다. 얼음만 보아서는 충격이 전달되는 경로를 알 수 없다. 얼음이 쇄빙선에 부딪히면 깨어지는 금이 눈에 보이는 경우도 있지만 눈에 보이지 않는 경우도 많기 때문이다. 그런데 갑판 위에서는 쇄빙선의 용골 때문에 얼음 깨는 장면을 볼 수 없다는 어려움이 있다.

북극 해빙의 큰 특징인 얼음 능선은 그 모양도 가지가지이며, 대부분은 작은 산을 닮아서 높고 경사가 급하지만 낮고 완만하고 긴 능선을 닮아 있기도 하다. 또 드물지만 엎드려 고개를 쳐든 거북 모양도 있다. 얼음 능선은 크고 작고, 길고 짧고, 높고 낮고, 긴 줄 모양이 늘어서 있기도 하고, 한곳에 모여 있거나 독립된 봉우리를 닮아 있기도 하다. 큰 직육면체 모양도 있고, 한쪽이 급경사인 덩어리도 있고, 뾰족하고 높은 산 모양에 크기만 작아 닮은 꼴 능선도 있다. 낮고 완만하고 긴 능선이 많은 곳도 있고, 뾰족한 산 모양의 능선이 많은 곳도 있다. 얼음 능선은 바다가 녹으면서 사라질 것들이라 하루는 아니겠지만 곤충의 하루살이와 비슷한 것 같다.

디지털 카메라로 찍은 사진을 하루에 몇 번씩 정리하면서 이제 사진을 정리하는 게 제법 손에 익었다. 먼저 디지털 카메라를 노트북에 연결해 찍은 사진들을 옮긴다. 그다음으로는 디지털 카메라에 있는 사진들을 지워버리고 배터리를 충전기에 끼워 충전되는 동안 노트북에 옮겨온 사진들의 이름을 바꾸며 그 순서는 날짜-오전과 오후-사진 내용의 순으로 정리한다. 예를 들어, '7월 26일 오후(2) 햇빛' 이런 식이다. 오후(2)는 오후 4, 5시에 찍은 사진으로, 점심을 먹은 직후에 찍은 사진과 구별하기 위함이다.

7월 27일 화요일

연구원들은 지난밤 늦게까지 일을 했다고 한다. 예컨대, 식물을 연구하는 팀에서는 새벽 2시에 일을 끝낸 다음 2시 반에 잠들었다가 6시 반에 다시 나왔다. 8시경 채수하려고 내린 채수기에서 해수를 받은 다음 "쪽잠이라도 자야겠다"는 그의 말에 "자는 것도 좋지만 점심은 먹어야 한다"고 격려하는 게 전부였다(그는 점심을 먹었다). 그들은 이렇게 채수하는 일을 어쩔 수 없이 3번은 더 해야 한다. 지난주에 얼음 때문에 채수를 제대로 하지 못해 연구 재료가 없기 때문이다. 그래도 현재 계획된 조사만 하면 연구 재료는 부족하지 않은 편이라 마음이 놓인다니 다행이다. 그러나 이 항해가 끝이 아니다. 올해 남극으로 떠나는 쇄빙선이 10월 중순에 떠난다는 말이 있어, 그때까지 연구 장비와 재료 담을 용기를 준비해서 실어야 한다. 또 이곳에서만 바쁜 것이 아니다. 우리나라로 돌아가도 바쁘기는 마찬가지다. 그동안 논문도 알아서 짬

짬이 써야 한다!

연구 지역인 척치 해로 대서양과 태평양 기원의 따뜻한 바닷물이 들어온다는 주장이 있지만, 그 분포와 경계면에 대한 연구는 아직도 많은 연구가 진행 중이다. 해양물리학자는 이번 항해에서 대륙붕에서 대륙사면으로 단면을 따라 해수의 물리-화학성분을 측정해본 결과, 태평양과 대서양 기원의 해수가 다른 수심에서 유입되고 있다는 예비 결과를 얻어냈다. 수심 240m에서 갑자기 2℃ 넘게 높아졌다가 480m에서 최고가 되었다가 천천히 낮아지기 시작한다. 이는 분명히 수온이 다른 물의 유입을 뜻한다. 그 연구를 하는 해양물리학자는 새로운 사실을 발견해 좋은 연구논문을 쓸 자료를 얻었다고 아주 만족해했다.

갑판에서 만난 서호선 기관장을 따라 들어가 구경한 기관조정실은 자동계기로 가득했다. 연료의 양과 엔진의 온도와 회전 상태 같은 운행 상태를 한눈에 볼 수 있는 기관조정실은 문외한의 눈에도 좋아 보였다. 실제 기관실조정의 기능은 대양에서는 근무하는 사람이 없어도 될 정도로 우수해,

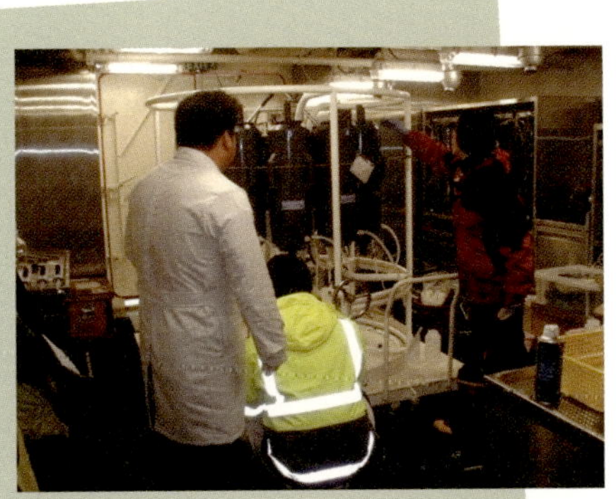

채수실 내부.

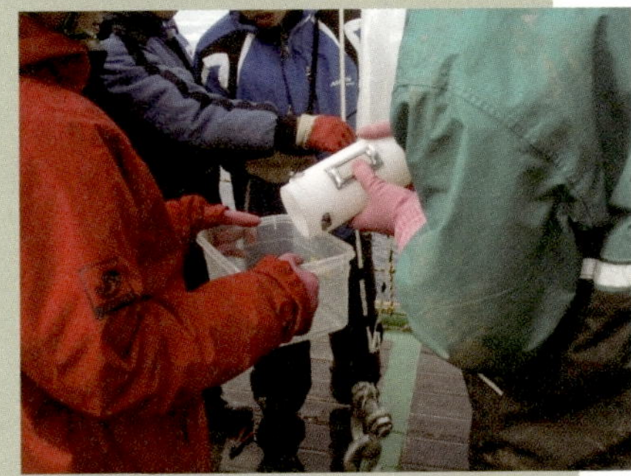

채집된 플랑크톤을 받고 있다.

박스 코어러를 해체하고 있다.

선급회사는 최고 등급의 평가를 내렸다. 인천에서 850톤의 연료를 실었고, 부산에서 400톤을 실어, 연료 때문에 다치 하버 Dutch Harbor 로 들어갈 필요는 없다는 게 그의 생각이었다. 나 개인으로는 다치 하버를 보

고 싶었는데 유감스럽다. 다치 하버는 글자 그대로 '네덜란드 사람의 포구'로, 네덜란드 배가 가장 먼저 그 포구로 들어왔다고 생각한 러시아 사람들이 그렇게 불러 유래됐다. 물 생산도 기관실의 일이며, 생산되는 물의 양은 수온에 따라 달라져, 북극에서는 하루 18~20톤이 생산되어 따뜻한 바다보다 현저히 적다.

북극의 바다와 얼음만 아름다운 게 아니다. 하늘의 구름 역시 아주 아름답다. 오늘 오후의 구름은 유난히 아름다워 구름 사진만 30장 가까이 찍었다. 구름의 형성과 변화는 높이에 따른 대기의 기온과 포화된 수분의 정도와 풍향을 포함한 여러 인자에 달려 있다.

어쨌든 그런 것들은 자세히 모르더라도 아름다운 구름을 보면 그저 신기할 따름이다. 구름을 자세히 살펴보면, 높이가 다른 구름이 있어 구름이 섞일 것 같아 보여도 섞이지 않는 것을 보면 말이다.

저녁 시간에는 유난히 큰 슬리퍼를 신고 다니는 여자 연구원의 발을 촬영했다. 그 여자 연구원은 얼굴을 보여주지 않고 이름을 밝히지 않는다는 조건으로 고맙게도 촬영에 흔쾌히 응해주었다. 극지이고 배니 그런 슬리퍼를 신지 한국에서는 상상도 하지 못할 일이다. 극지이고 배 안이기 때문에 이런 슬리퍼를 신는다고 해서 부끄러워할 것도 없다. 오히려 훗날 이 사진을 본다면 얼굴 가득 웃음을 띨 만한 추억으로 간직될 것이다.

자기 발보다 훨씬 큰 슬리퍼를 신은 여자 연구원의 발.

7월 28일 수요일

아침을 먹으러 가니 '항해 플랜Cruise Plan'을 영어로 써서 내라는 공지사항이 붙어 있었다. 배에 외국인들이 탈 것을 감안하여 그들을 위한 준비 같았다. 그러나 그런 것을 항해 중간에 제출라고 하는 것은 조금 늦은 감이 들었다. 노트북이 인터넷에서 내려 받은 파일을 읽지 못해 하는 수 없이 양식을 인쇄해서 직접 손으로 적었다.

아침 식단으로 돼지껍질무침이 나왔다. 작년 여름쯤 고등학교 동기들과 양평에 갔을 때, 의사인 친구 하나가 돼지껍질에는 연골의 주성분인 콜라겐이 많아 우리 나이에 아주 좋은 식품이라고 적극 추천하여 그때 처음 먹어보았다(돼지껍질은 기름덩어리인 비계와는 다르다). 값도 쌌지만 막걸리 안주로는 그만이었다.

지난밤 늦게까지 이어진 작업으로 연구원들은 아침에 많이 나오지 못했다. 바다 일은 밤낮이 없고 토요일, 일요일도 없다. 극지는 더하다. 이런저런 것을 따져보고 예측하다 보면 정작 일할 시간이 없어 틈만 나면 밤낮을 가리지 않고 일한다. 하지만 그것도 여의치 않을 때가 있다. 극지란 곳은 날씨가 나쁘면 억지로 쉬어야 하기 때문이다.

배는 두껍지 않은 얼음이 바다의 90% 이상을 차지한 곳에 왔다. 다행히 배 옆에는 얼음이 없어 퇴적물 시료를 채집할 수 있었다. 박스 코어러로 깊이 3,900m에서 퇴적물을 채집하는 일은 쉽지 않아 채집 장비가 바닥에 닿았는지를 알기 어렵다. 닿았다고 상상할 수 있는 단 하나의 방법은 와이어에 걸리는 장력이다. 장비가 바닥에 닿기 전과 닿은 후에 그래도 차이가 나는 게 장력이기 때문이다. 그러나 그것도 믿기 힘들어 갑판장은 와이어를 충분히 풀어서 내린 다음 올리겠다고 했다. 나중에 들으니 와이어를 4,550m나 내렸다고 한다.

표면퇴적물을 최대한 교란시키지 않고 얻을 수 있는 장비가 박스 코어러box corer이다. 이 장비는 코어러가 바닥을 파고 들어가 퇴적물이 박스에 어느 정도 차면 강철판을 잡아당긴 와이어가 풀리면서 강한 힘으로 강철판이 돌아가 퇴적물 바닥을 파고들어 박스의 바닥을 막아 박스에 담긴 퇴적물을 아래와 위에서 막아준다. 퇴적물이 담기는 부분이 직육면체라 박스 코어러라고 부른다.

박스 코어러는 해체하는 것에도 어려움이 따른다. 일단 무게가 상당하고 기계 장치를 제대로 알아야 풀 수 있기 때문이다. 박스 코어러를 갑판 위로 끌어올린 다음 먼저 퇴적물의 바닥을 막은 강철판 위로 얇은 철판을 넣어 퇴적물이 담긴 박스의 바닥을 막는다. 다음에는 와이어를 정리하고 강철판을 원래의 자리로 되돌려놓고 안전핀을 꽂는다. 이어서 박스의 볼트를 푼 다음 옆 뚜껑을 열고 퇴적물 위에 있는

⚓ 박스 코어러를 해체하는 것은 쉽지 않다.

⚓ 시료를 얻기 위해 둥근 파이프들을 박아놓은
박스 코어러 퇴적물.

물을 사이폰의 원리를 이용해 파이프로 조용히 배수시킨다. 이 물에도
연구 재료가 있을 수 있어 체로 물을 받아 체에 걸리는 생물을 채집한
다. 이어서 퇴적물이 담긴 무게만도 30kg이 넘는 박스를 분리하고 시
료 번호표도 놓고 사진도 찍은 다음 박스에 둥근 플라스틱 기둥을 박
아 넣으며 기둥의 아래와 위를 스티로폼 마개로 막는다. 이 과정이 언
뜻 듣기에는 쉬워 보여도, 한두 사람 힘으로는 감당하기 어려워 코어
러에 관련된 일은 갑판부의 선원 모두가 도와주어야 가능하다. 깊은
바다의 퇴적물은 대개 진흙이고 힘을 쓰는 일이 많아 작업을 하다 보
면 어느새 갑판원들은 손에 진흙 범벅이 되고 연구원들의 작업복은 진

흙투성이가 된다.

북위 79°, 서경 156°30′, 수심 3,900m의 캐나다 심해평원深海平原에서 올라온 퇴적물은 갈색 진흙이었다. 사람이 오기도 힘든 이 북극 바다의 깊은 곳에서 연구하려고 그런 진흙을 채집했다는 것 자체가 보람이고 자랑스러운 순간이었다. 얼음으로 덮인 바다에 와서 물과 생물과 퇴적물을 채집하고 수괴의 이동과 혼합을 설명하는 것은 반드시 쇄빙선이 있어야 가능한 일이다. 따라서 쇄빙선은 대단한 국력이 된다. 과학자들의 관심과 의욕과 꿈만으로는 결코 이룰 수 없기 때문이다.

박스 코어러를 포함해 지질학자의 주요한 연구 재료는 모래와 진흙 같은 퇴적물과 화석이다. 박스 코어러는 바닥의 표면 수십 cm를 채집하는 반면, 깊이 20~30m를 채집할 수 있는 자이언트 코어러도 있다. 하지만 아직 이 배에는 설치되지 않았다.

점심을 먹고 잠시 이야기를 나누던 중 빙해항해사가 인천의 인구와 개항년도를 물었다. 인구는 300만 명 정도로 알고 있지만 개항년도는 알지 못했다. 그 자리에 있던 사람 모두가 19세기 말 정도로 생각했으나 정확한 연도를 아는 사람이 없었다. 인터넷이라도 되면 정확한 연도를 알아서 가르쳐주겠지만 어쩔 수 없었다. 극지연구소가 인천에 있으므로 그가 쓰는 보고서에 인천에 관한 간단한 내용을 넣는 데 필요할지도 모른다고 생각했지만 아무리 그렇다 해도 보고서에 그런 것을 넣는다는 게 특이했다(나중에 1883년에 개항했다는 것을 알아냈다).

저녁 식단은 참치와 역돔회 그리고 킹크랩에 상추와 미역두부국이었다. 그런데 미국인 4명이 킹크랩이나 참치 안주로 소주와 맥주를 가져다 놓은 게 신통했다. 하지만 결국 맥주만 마시고 소주는 뚜껑도 열지 않은 것 같았다. 그 4명의 미국인을 포함해 러시아인들이 먹는 것으로 고생하는 모습을 보니 안쓰럽게 여겨졌다.

한편 게 등껍데기에 밥을 비벼 먹으면서, 문득 어렸을 때가 생각났다. 그때는 부모님이 모두 계셨는데 지금은 두 분 다 세상을 떠난 지 오래되었다. 그만큼 게 등껍데기에 밥을 비벼 먹은 것이 아주 오래된 일인가 보다.

그러고 보니 콜레스테롤이 걱정되어 새우와 게를 멀리 한 지도 꽤 오래되었다. 실제로 콜레스테롤이 인체에 미치는 영향이 어떤지는 모르겠지만 어쨌든 의사의 말을 믿고 따르는 수밖에 없다.

선교로 오라는 방송에 다소 불안한 마음으로 올라가니 다행히도 안부 전화였다. 지난 15일 놈에서 전화한 후로 2주 정도 되었으니 전화를 할 만도 하지만 굳이 할 필요는 없다고 생각했다. 우리 조상들은 일찍이 "무소식이 희소식"이라고 하지 않았던가. 새삼 우리 조상들이 참

⚓ 소주를 앞에 놓고 킹크랩을 먹는 미국인들.

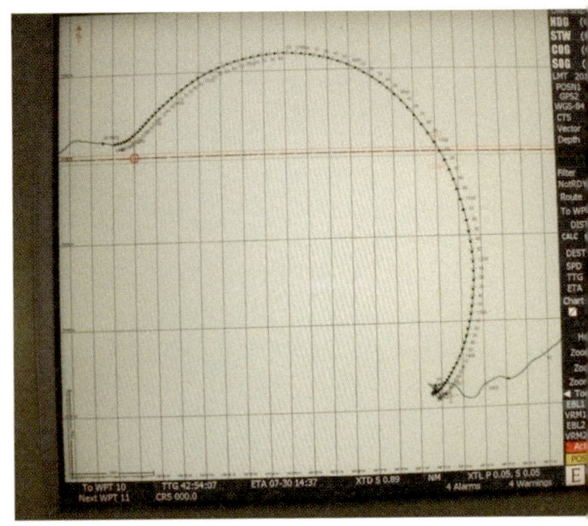

⚓ 7월 28일 오후 7시 43분 항적도.
배는 17시간 동안 거대한 호를 그리면서 표류했다.

으로 현명하다는 생각이 또 한 번 들었다.

선교에 올라가서 배가 지난밤 자정부터 오후 5시까지 무려 17시간 동안 지름 수십 km의 아주 큰 반원의 호弧를 그리면서 표류했다는 것을 알았다. 얼음이 많은 바다에서는 1시간에 100m를 표류하지 못했으나 얼음이 적은 바다에서는 그 거리의 몇 배를 흘러갔다. 김현율 선장은 모두가 바람과 해류와 조류 때문이라고 설명했다. 남극은 남극대륙을 감싸며 동쪽으로 흐르는 꽤 단순한 해류가 주류인 반면, 북극은 육지로 둘러싸여 해류가 그렇게 단순하지 않다는 뜻이다. 그는 북극이 해류와 얼음이 얼 때의 압력 때문에 얼음끼리 들어붙어 남극보다 항해가 어렵다고 했다.

한편 러시아 사람들은 바닷물이 얼 때, 부피가 팽창하면서 주위를 누르는 압력은 선체가 찌그러질 정도로 강하다고 선장에게 가르쳐주었다고 한다. 선장은 북극을 항해하면서 하늘색 얼음이 단단한 얼음이며, 거무스름하게 보이는 얼음은 물을 머금은 얼음, 곧 녹은 얼음이라는 것을 경험으로 알았다. 얼음 조각들은 해수를 취수하거나 하수를 버리는 관을 막아 배에서는 곤란을 겪는다. 한편 선장은 우리 배는 속도를 빨리 바꿀 수 있어 아주 좋다고 말했다.

의무실에는 유독화합물을 두는 캐비닛이 있어 나프탈렌, 살충제, 쥐약 같은 독약을 보관했다. 배가 아직 새것이라서 쥐가 문제되지 않을지도 모르지만 언젠가는 골치 아픈 문제가 될 것이다. 쥐는 배를 타고 전 세계를 돌아다닌다. 반면 배 쪽에서는 별의별 기발한 아이디어를 쥐어짜며 쥐의 잠입을 막아보려 했지만 쉬운 일이 아니다.

7월 29일 목요일

새벽 4시가 다 되어 잠에서 깼는데 커튼 색깔을 보니 바깥이 훤하다는 것을 알 수 있었다. 평소처럼 가수를 취했으나 깜빡 잠이 들어버렸다. 꿈까지 꾸었는데, 평소 잘 아는 사람의 차를 타고 부산으로 가려는데 그의 연락처가 없어 휴대전화를 꺼냈지만 배터리가 방전되어 있었다. 결국 그에게 연락을 하지 못해 기차를 타려고 서울역으로 가려 옷을 찾다가 잠에서 깼다. 비몽사몽 중에 시계를 보니 5시 45분이었다. 운동을 하기에는 좀 늦어버렸다. 게다가 평소와 달리 일어나기 싫어 게으름을 피우다가 배를 타고 처음으로 기지개를 켜며 늦게 일어났다. 아침에 일어날 때 기지개를 켜면 좋다는 말이 생각났기 때문이다. 그런데 지인에게 연락할 방법이 없어 우왕좌왕하며 옷을 찾는다는 꿈이 무엇을 뜻하는 건지 자못 궁금했다.

배는 넓은 물과 95%의 얼음으로 가득 찬 바다의 얼음 쪽에 서 있었다. 해무도 끼었지만 그렇게 심하지 않고 하늘은 항상 그랬듯이 흐렸다. 바람 한 점 없는 바다는 조용하고 춥지 않아 기분이 좋았다. 이렇게 고요한 바다는 좀처럼 보기 어려워 밖으로 나가 사진을 찍었다. 방에 들어와 사진을 들여다보니 수평선 같은 중요한 부분이 화면의 3분의 1에 맞는 기본 구도에 맞지 않았다. 다시 바다를 내려다보니 하늘이 개이고 아까의 바다가 아니었다. 갠 하늘과 바다가 아름다워, 기본 구도를 생각하면서 다시 몇 장을 찍었다. 파란 하늘이 많아지는 것을 보니 오늘 날씨가 아주 좋을 것 같다.

6인승 헬리콥터의 조종사인 하워드 리드Howard Reed 씨가 헬리콥터 덱에서 안전교육을 했다. 헬리콥터는 많이 타보았지만 안전교육을 받기는 이번이 처음이었다. 교육은 뜻밖에도 아주 간단했는데 헬리콥터

⚓ 헬리콥터 안전교육에 대한 사람들의 관심은 대단했다.

의 뒤쪽에 있는 수평 날개 뒤쪽으로는 가지 말 것, 문을 여닫는 방법, 날카롭고 긴 장비를 실을 때 조심할 것, 물 위에 착륙할 때를 대비한 둥글고 긴 부분은 밟지 말 것, 비상무전기 쓰는 법 같은 내용들이었다. 최근에는 이륙한 헬리콥터를 GPS로 추적해서 안전을 도모하는 방식이 개발되었다고 한다.

빙해항해사와 얼음공학자 3명 그리고 곰 감시인을 태우고 이륙했던 헬리콥터는 안개가 심해져 1시간도 되지 않아 다시 돌아왔다. 이륙할 때 쾌청했던 하늘은 1시간을 버티지 못했다.

갈비찜과 조기구이, 오징어국과 냉동한 감이 메뉴로 나온 점심을 먹는 동안 배는 다시 움직이기 시작했다. 헬리콥터를 탔던 사람들이 그런대로 쓸 만한 얼음을 찾았다며 1시간에서 1시간 반 정도를 가면 된다니 몇 사람은 얼음 위로 내려갈 것이다.

바람이 없어 얼음 조각들은 거의 움직이지 않는 것처럼 보였다. 조석이나 해류로 움직일 터인데, 그런 것을 배에서 보는 것만으로는 알기 어렵다. 얼음 조각들은 지저분한 쓰레기처럼 선미 부근에 떠 있었다. 반면 하늘의 구름은 뭉게뭉게 흰 덩어리로 무리를 지어 여기저기 하늘에 흩뿌려진 것 같았다. 간혹 회색 구름도 있었지만 대부분은 흰색 구름이었다. 이런 날에는 가만히 갑판에 앉아 있는 것만으로도 기분이 좋다. 단지 배에는 그렇게 조용히 앉아 있을 만한 자리가 없다는 것이 문제이다.

조사지점 16번으로 가는 도중 뒤갑판에서 본 물결은 한없이 신기하고 아름다웠다. 바다가 고요해 수면에 수파가 아름답게 일었다. 수파는 평행하고-부서지지 않고-넓어지고-낮아지고-끼어들고-겹치고-

어우러지고-사라진다. 모두 힘과 방향과 물과 시간과 속도 같은 물리로 설명할 수 있다. 그래도 두 파가 간섭해 네모난 모눈종이 같은 파를 만들고 퍼지고 낮아지는 것은 이론으로는 알고 있어도 여전히 신기했다. 나아가 프로펠러가 일으키는 와류는 방향, 거품, 세기, 속도, 크기, 솟아오르는 정도도 순간순간 바뀌고 변한다. 이것 역시 프로펠러의 방향과 회전 속도와 바닷물의 흐름으로 설명할 수 있을 것이다.

배는 쿵쿵거리면서 달려와 좋은 곳을 찾은 것 같다. 지금쯤 연구원들은 연구 재료를 채집하느라 한창 바쁠 것이다.

해양조사는 옛날과 같은 원리이고 방법이지만 최근 들어 조사 장비가 크게 바뀌거나 변했다. 깊이에 따라 채수를 하고 수온과 염분을 포함한 해수의 특성을 최신 장비를 이용하여 자동으로 소수 몇째 자리까지 아주 정밀하게 측정하는 것이 다르다. 옛날에는 채수기를 일일이

⚓ 배가 만든 물결들이 어우러지며 만든 아름다운 파동.

손으로 열어 물속으로 내려 보낸 다음 쇳덩어리를 떨어뜨려 채수장비를 닫았다. 당연히 수심 수십 m까지만 잴 수 있었다. 그리고 그 당시에는 우리나라 근해를 벗어난다는 것은 상상조차 할 수 없는 일이었다. 그러나 그때나 지금이나 사람의 손이 필요한 것에는 차이가 없다. 한편 일회용 장비인 X-CTD는 가라앉으면서 자료를 무선으로 보내는데, 그 가격은 약 1,000불 정도이다. 무인 잠수정이 들어가서 원하는 장소와 시간에 맞춰 원하는 정보를 얻기도 한다. 그러나 앞으로 과학과 기술이 더 발달한다면 주파수가 다른 전파를 연속으로 발신하고 수신해, 마치 사람이나 지구의 내부를 단층 촬영해서 알 수 있듯이 바다의 내부도 자세히 알 수 있을 것이라 상상해본다.

지난번 기상연구소의 두 연구원이 바다에 내렸던 아르고 플로터는 얼음으로 덮이지 않은 바다에서는 쓸 만하다. 그러나 여기처럼 얼음인 경우는 장비가 파손되거나 자료가 제대로 올라오지 않을 가능성이 높다. 따라서 플로터가 떠올랐다가 바다 위가 얼음이면 다시 내려갔다가 올라오는 플로터를 독일 알프레트 베게너 극지해양연구소가 개발했다는 말을 영국 스코틀랜드 해양연구소 소속인 황필성 박사가 이야기해주었다(기존 장비의 문제점과 약점들을 분명히 파악한 다음 깔끔하게 해결하는 게 역시 독일 사람다운 발상이다). 황 박사는 지난 26일 얼음부이buoy라고 부르는, 얼음의 온도와 두께와 대기온도와 수온을 측정해 이리듐 통신위성을 통해 자료를 송신하는 장비 4기를 얼음 위에 세웠다(이중 1기는 미국 육군의 동토연구소의 부탁을 받은 것이다). 이 장비는 얼음과 함께 돌아다니면서 자료를 송신해준다. 물론 얼음이 녹으면 그 장비는 찾을 수 없게 된다. 황 박사는 또 미국 워싱턴주립대학교의 부탁으로 해양부이 하나를 물속에 가라앉혔다. 이 부이는 물속 60m까지 내려가 자료를 측정하여 무선으로 송신해준다. 그러나 지금 여기, 북위 75°, 서경 156°에서는 인터넷이 전혀 연결되지 않아 얼음부이와 해양부이의 자료가 제대로 수신되는지 알 수 없어 황 박사는 무척 안타까워했다. 우리는 총리와 장관이 바뀌었는지가 궁금한 일이었지만, 그에게는 연구 자료 수신 여부가 가장 궁금할 것이다.

7월 30일 금요일

배는 뱃머리를 해빙(길이가 2km는 족히 되어 보이고, 폭은 그것의 반 정도 되었다)에 대고 멈추었다. 해빙이 많이 녹아 있었고, 연못들이 구불거리는 도랑으로 아주 많이 연결된 모습이 지금까지 보아왔던 해빙과는 사뭇 달랐다. 왜 이런 형상이 펼쳐져 있는지 머리로는 알고 있어도 실제 눈으로 보면 아름답고 신기할 뿐이다. 녹은 물은 눈 사이의 빈틈을 지나 낮은 곳에 모여 연못을 만들고 그 연못은 시간이 가면서 커지고 깊어지고, 심하면 얼음을 뚫기도 한다. 그 전에 출렁거리다가 도랑이 생길 수도 있고 다른 연못과 연결되기도 하며 또는 바다로 흘러 들어가기도 한다. 눈은 비가 오거나 기온이 영상으로 올라가면 당연히 녹을 테지만, 비가 많이 오지 않더라도 눈과 얼음을 녹이는 데는 비가 최고이다.

태양의 위치를 모를 정도로 하늘은 흐렸어도 바다는 잔잔해 중국

사람들은 실험 준비로 분주했다. 그
들은 긴 막대기로 수평을 유지하면
서 측정값을 기록했다. 한편 회의실
컴퓨터에 러시아 빙해항해사가 연필
로 그린 해빙분포도가 있어 복사했
다. 연필을 잘 쓰지 않는 독자들은
흔히 볼 수 있는 디지털 사진이 아닌
손으로 그린 이런 그림에서 묘한 재
미와 새로운 감정을 느끼거나 추억
에 잠길지도 모르겠다.

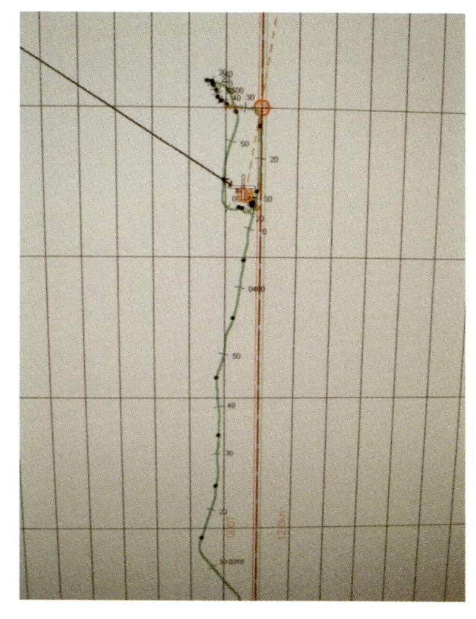

⚓ 7월 30일 오전 8시 30분 항적도.

　　사흘 전, 틈이 나면 이야기를 나누자고 북극곰 감시인과 약속했는
데 오늘 잠시 짬이 생겨 12시 반부터 1시간 반가량 이야기를 나누었
다. 그와 많은 이야기를 나누었는데 그중 우리에게는 다소 생소하지만
삶의 다른 풍경을 느낄 수 있는 이야기들이 있어 정리해보았다.

　　그는 패어뱅크스에 있는 통나무집에서 살고 있다. 집의 크기는 놀랍
게도 12×20피트 정도라니, 6평이 조금 넘는다. 전기는 들어오지만 물
이 나오지 않아 직접 길어 와야 한다. 그 집은 원래 황금 열풍 때 지은
집으로, 처음에는 낡고 금방이라도 쓰러질 듯 보였지만, 자신이 1974년
새로 지어 지금은 말짱하다. 현재 그 통나무집은 사무실로도 사용하고
있어서 주소도 있고 우편물도 받을 수 있다. 한편 주민이 주변에 있는
미 육군과 공군 기지의 군인들과 그들의 가족을 포함하여 주민이 9만
명 정도인 패어뱅크스 시에는 그런 통나무집이 많다고 한다. 겨울에
기온이 −50~−60℉(−46~−51℃)로 떨어져도 실내는 70℉(21℃) 정도라는

말에 잠시 놀랐다. 하지만 기온이 -58°F(-50℃)에서는 연료가 얼기 때문에 그때는 자석식 히터가 자동으로 움직여 연료를 녹인다. 이 밖에도 그의 통나무집 바깥에는 300갤런, 곧 드럼통 6개 크기의 연료통이 있고 프로판 히터도 있다(프로판은 -4°F(-20℃)에서 언다). 그가 들려준 이야기는 우리나라처럼 따뜻한 곳에서는 듣기 힘든 이야기들이었다.

어쨌든 집은 크기도 작고 다소 볼품없어도 그에게는 하얀색과 빨간색으로 칠한 멋진 4인승 수상비행기가 있다. 세스나^{Cessna} 170B인 그 비행기는 시간당 10갤런(37.9리터)의 연료가 든다(연료는 1갤런에 4.2불이다). 최근 145마력 엔진을 35마력 더 큰 엔진으로 바꾸었는데, 스키를 달거나 바퀴를 쓸 수도 있으며, 물에서도 이륙할 수 있다. 현재 비행기는 물에서 이착륙하게 만들어 패어뱅크스 공항에 있는 수상비행기 계류장에 있다('문제는 패어뱅크스와 북극 사이에 호수나 강 같은 물이 많지 않다'며 그는 너털웃음을 지었다. 물이 아닌 땅에서 이착륙할 필요가 있다면 착륙 장치를 바퀴로 바꾸면 된다).

그는 젊었을 때 산양을 잡아서 생활했는데 지금은 무스를 사냥한다. 큰 무스 1마리에서 살코기만 800~900파운드가 나온다니 1마리를 잡으면 혼자서 1년은 먹고살 수 있다. 길이가 5~6피트 되는 무스의 뿔은 매년 봄에 떨어지는데, 비행기를 타고 가다가 가끔 뿔을 줍기도 한단다(그러나 여름에는 버드나무와 풀로 덮여 눈에 잘 띄지 않는다). 무스의 뿔 1파운드에 8불 정도이며, 뿔 1개는 약 10~12파운드 정도 나간다. 뿔 2개가 한자리에서 떨어지는 경우는 드물어 뿔 1개를 달고 다니는 무스도 종종 볼 수 있단다. 언젠가 그가 잡은 무스의 양쪽 뿔 사이의 폭이 70인치, 곧 1.8m나 되었다고 한다. 한편 알라스카에서 산불이 난 직후 그곳에 모렐Morel이라는 버섯이 번성했는데, 어느 해 봄엔가는 모렐 버섯을 93파운드가량 뜯었다. 이 버섯은 고급 식당에서 맛볼 수 있다고 한다.

그의 말로는 프루드호베이에서 서쪽으로 20마일 떨어진 쿠파루크 Kuparuk 강 하류에 쿠파루크 유전이 있고, 그 서쪽으로 30마일 떨어진 콜 빌Colville 강 하류에 앨파인 Alpine 유전이 있는데, 겨울에는 땅이 언 얼음 길ice road로 오간다. 그러나 여름에는 길이 없다. 그뿐 아니라 프루드호 베이의 동쪽으로 60마일 정도 떨어진 캐닝 Canning 강 하류에는 포인트 톰슨 Point Thomson 이 있는데, 겨울에는 바다가 얼어서 생긴 바닷길ice sea way 로 가나 여름에는 길이 없다고 덧붙였다. 아마도 땅이 녹아 질척거리 고 자동차가 빠지면서 포장도 못하고 자갈을 채우지도 못하기 때문일 것이다.

지도를 보면 그 서쪽 지역에는 늪이 무수히 많다. 그렇다면 땅도 늪 지이고 습지일 것이다. 동쪽은 조금 덜할지 모르지만 강 하류라 큰 차 이가 없을 것이다. 하지만 그는 프루드호베이에서 남쪽 489마일 떨어 진 패어뱅크스까지 길이 생겼다면서 좋아했다. 그가 말한 새로 생긴 길은, 유전 지대에서 남쪽 발데스 항구까지 알라스카 종단 파이프를 건설하면서 만든 도로를 말하는 것으로, 전체를 다 포장하지 못하고 반 정도만 포장했다. 프루드호베이 남동쪽 넓은 지역에도 석유가 있는 것이 확실한데, 환경보호주의자들 때문에 개발하지 못한다.

그는 이야기를 하면서 가끔 글자 하나도 무심히 아무렇게나 쓰지 않고 또박또박 내 지도나 노트에 적어가며 설명을 해주었는데, 나는 그 모습에 깊은 감명을 받았다. 처음에는 그가 야생에서 생활하고 있 기 때문에 다소 거친 행동이 몸에 배어 있지 않을까 생각했지만, 생각

177

과 달리 그는 친절하고 예의 바른 사람이다.

통나무집을 사무실로도 쓰는 그의 주요한 고객은 주로 엑손모빌 같은 석유회사이며 가끔 북극으로 올라가는 일본의 고래연구선에서도 그를 찾는다고 한다. 석유회사에서 부탁받은 일은 얼음의 두께를 재는 연구원들을 보호하는 일이었고, 배와 관련된 일은 주로 선원들이 얼음 위로 내려갈 때 도움을 주고 곰을 감시하는 일이라고 설명해주었다.

패어뱅크스와 프루드호베이의 중간에 있는 시골 마을 와이즈만 Wiseman 은 황금 열풍 시절에는 수천 명이 모여들어 북극권 북쪽에 있는 마을 중에 인구가 가장 많았다고 한다. 하지만 지금은 12~14명 남짓 남았다. 모두 패어뱅크스나 프루드호베이로 떠났기 때문이다. 얼마 남지 않은 사람들은 그야말로 대자연을 좋아하고 야생을 즐기는 사람들일 거란 생각이 들었다. 와이즈만에도 통나무집이 15채 정도 있다. 그는 1976년 친구와 함께 다 쓰러져가는 통나무집을 고쳐 지금도 가끔 쓴다고 말했다. 『Arctic Village』라는 책에는 알라스카에 있는 황량한 마을에 관한 이야기들이 쓰여 있다고 했다.

비행기를 타고 다니다가 날씨가 갑자기 나빠져 위험했던 적도 있었는데 그때는 물에 내려앉아서 날씨가 좋아지기를 기다려야 한다고 말했다. 공연히 이리저리 움직이다가 연료가 떨어지면 안 되기 때문이다. 이는 남극에서도 마찬가지이다. 예를 들어, 눈보라가 심할 때는 있는 자리에서 눈보라가 지나가기를 기다려야지 무모하게 돌아다니다가는 힘이 빠지면 얼어 죽을 수도 있다.

이야기를 나누던 중, 갑자기 곰 사냥에 대한 것이 궁금해 그에게 이것저것 물었다. 1972년부터 원주민이 아닌 사람들은 북극곰을 잡지 못하고 오직 이누이트만 북극곰을 잡을 수 있는 법이 시행되었다고 한다. 다른 곰, 예컨대 흑곰이나 갈색곰이라도 새끼를 데리고 있으면 새끼는 말할 것도 없고 어미 곰도 잡을 수 없다. 자신은 알라스카 주민이라 허가가 필요 없지만, 알라스카 주민이 아닌 경우 곰을 잡으려면 알라스카 주의 허가를 받아야 한단다. 갈색곰 사냥의 허가 비용은 600불 정도이며, 흑곰은 그 수가 많아 300~400불 정도이다. 그는 갈색곰 1마리와 흑곰 3마리를 잡을 수 있고, 곰 감시원이기 때문에 더 잡을 수도 있다. 그리고 사냥할 때 안내인이 따로 필요 없지만 알라스카 주민이 아닌 경우 반드시 안내인이 따라야 한다고 덧붙였다. 흑곰의 수가 많고 사람 가까이 살기 때문에 사람에 대한 피해가 갈색곰보다 더 크다. 흑곰은 가끔 갈색이나 연한 파란빛이 도는 회색도 있어 갈색곰처럼 보이는 경우도 종종 있다고 한다.

알라스카박물학협회가 만든 곰 상식 브로슈어에는 흑곰은 알라스카 삼림지대에 5만 마리 정도가 서식하고, 갈색곰은 알류산 열도를 포함하여 알라스카 전체에 걸쳐 3만 5,000~4만 마리 정도가 있으며, 남부 알라스카의 코디악Kodiak 섬에 아주 많다고 한다. 그린란드와 캐나다에도 있는 북극곰은 알라스카 북쪽 해안과 연안에는 4,000~6,000마리 정도가 있다고 한다. 곰 상식 브로슈어에 있는 내용들은 모두가 경험을 정리해놓은 것이기 때문에 여기에 쓰인 내용대로 행동하면 큰 피해는 입지 않을 것이다.

그는 만약 곰이 10m 이내로 가까이 오면 겨자 스프레이를 사용하라고 했다. 이 내용은 곰 상식 브로슈어에는 쓰여 있지 않다. 이곳 가게에서 팔고 있는 겨자 스프레이는 허리에 찰 수도 있고 곰이 가까이

⚓ 북극곰 감시인의 명함.

올 때 사용하면 효과가 아주 크다고 한다. 하지만 이 스프레이는 반드시 곰이 가까이 올 때까지 기다렸다 사용해야 한다고 한다. 갑자기 곰과 마주쳤을 때는 쓸모가 있겠지만 그보다는 브로슈어에 있는 대로 미리미리 곰 때문에 발생할 수 있는 위험 상황에 대비한다면 아무 문제 없을 것이다.

그는 언젠가 저녁을 먹을 때, 자신에게는 이메일 주소가 없다며 스스로를 '석기시대 인간 stone-age man'이라고 말했다. 이메일을 쓰지 않는다는 점에서는 시대에 약간 뒤처졌다고 생각할 수도 있지만, 그 나이대라면 그뿐 아니라 인터넷을 쓰지 않는 사람들이 더 많을 것이다. 하지만 그에게는 자가용 비행기도 있고 휴대전화도 사용하고 있으니 석기시대 인간이라기보다는 '부자 석기시대 인간' 혹은 '첨단 석기시대 인간'이지 않냐고 말하자 그가 크게 웃었다(그의 명함에는 휴대전화 번호와 알라스카 일반전화 번호가 쓰여 있으며 회사 로고는 컬러로 되어 있다). 그는 많은 사람들과 복잡한 문명세계에서 떨어져 살고 있을 뿐이지 자신에게 필요한 현대식 기기와 장비는 다 가지고 있다. 후에 들은 이야기로, 그는 1975년 부인이 세상을 떠난 뒤 재혼도 하지 않고 줄곧 알라스카에서 살고 있다고 한다. 혼자 생각이지만 부인의 죽음으로 충격이 상당히 컸었나 보다.

여간해서는 야수를 무서워하지 않는 그도 무서웠을 때가 있었다고 한다. 바로 1990년대 초, 석유회사의 요청으로 얼음 두께를 재는 연구원들을 보호하고 있었을 때였다. 그는 뜻밖에 나타난 북극곰을 총으로 조준하면서 사람들을 안전하게 헬리콥터에 타게 했고, 자신은 계속해서 곰을 겨누면서 마지막에 헬리콥터에 올라탔다고 한다. 그런데 어느 순간 곰이 헬리콥터 뒤편 프로펠러에 부딪힐 만큼 가깝게 다가왔다. 다행히 곰은 프로펠러에 부딪히지 않았고 헬리콥터 역시 무사히 이륙할 수 있었다고 한다. 만약 그때 곰이 프로펠러에 맞았다면 곰도 죽고 헬리콥터도 중대한 손상을 입었을지도 모른다. 충분히 일어날 수 있는 사고이지만 그에게는 직업상 나쁜 영향을 미쳤을지도 모르는 일이었다. 게다가 만약 곰이 제대로 죽지 않고 사납게 날뛰었다면 사람들의 안전도 지킬 수 없었을지 모른다. 그가 곰을 아무리 많이 알고 있다고 해도 흥분해서 날뛰는 야수를 혼자서 제압하기는 쉽지 않은 일이기 때문이다.

어쨌든 그는 1975년부터 패어뱅크스에서 북극곰 감시 일을 해오면서, 그 업계에서는 거의 유일무이한 존재라고 한다. 이누이트 가운데 같은 일을 하는 사람이 있다는 말을 들은 적은 있지만, 그 이누이트의 존재는 거의 찾아볼 수 없다고 한다.

저녁을 먹다가 요새는 주역周易으로 주식을 한다는 말이 나왔다. 주역이라면 동양철학인데 어떻게 그걸 이용해 주식을 한다는 걸까? 주역이 운명을 알아맞히는 것과 관계가 있으니 그렇게 생각하는 건가? 만약 그렇게 생각한다면 정말 주역으로 주식을 할 수 있을지도 모른다. 여담이지만, 어느 대학교 철학과 교수로 은퇴한 교수가 동네 노인정에 가서 자신이 철학을 전공했다고 말하자, 대뜸 어느 노인이 손을 내밀며 손금 좀 봐달라고 했다고 한다. 철학이 평소 우리의 생활과 동떨어이진 점도 있지만 철학에 대한 이해가 부족한 사람들이 의외로 많다. 나는 철학을 어렵게 생각할 필요가 없다고 생각한다. 철학이란 개개인의 삶에 대한 신념이라고 생각하면 쉽게 이해할 수 있다. 가장 쉬운 예로, 쓸모없는 비닐봉지를 비닐 모으는 곳에 버릴 것인가 아닌가 하는 문제는 그 사람의 생활의식이요, 생활철학이다. 크게는 환경보호와 자원재활용에 관계되겠지만, 그런 거창한 명분 없이도 단순한 규정을 지킬 의지가 있는지 없는지는, 간단하게 보여도 개개인의 철학이다. 사물이나 상황을 받아들이는 의식이 곧 철학이기 때문이다.

중국 여자가 서류를 컬러로 복사하는 것을 도와주었다. 그 여자를 포함한 중국인들은 단수비자로 우리나라에 들어왔기 때문에, 배가 인천에 도착하면 배에서 내리지 못한다고 한다. 자세한 경위는 모르겠으나, 들어오면서 나갈 길을 생각하지 못한 격이니 준비가 소홀한 것이라 생각되었다. 그래도 아직 1개월이나 남았으니 크게 염려하지 않아도 될 것이다. 나중에 알았지만 중국 사람 셋과 러시아 사람 둘은 미국 비자가 없어 놈에 상륙하지 못했다.

한편 미국 사람들은 메인 덱 2회의실에 모여 영화를 보고 있었다. 한두 차례 3층 1회의실에서 보다가 좋은 곳을 발견한 것 같다. 2회의실은 회의실로 들어오는 사람을 신경 쓰지 않아도 좋은 실내 구조이기 때문이다. 물론 회의가 있으면 자리를 비켜주어야겠지만.

8시 반쯤 되어 밖으로 나가니 놀랍게도 눈이 내렸다. 놈을 떠난 후로 처음 보는 눈이다. 그런데 눈이 조금밖에 내리지 않아 사진으로 담기가 쉽지 않았다. 사진으로 찍었을 때 눈이 잘 보일 수 있도록 어두운 배경이 될 만한 곳을 찾아야 했다. 주위를 한번 둘러보니 헬리콥터 갑판은 적당하지 않고, 뒤갑판 지구물리 파동 수신 장치 쪽이 괜찮아 보였다. 한승필 씨는 사진 찍는 기술이 나보다 좋을 것 같아 전화로 불러냈다. 결국 검은 배경으로는 수면보다 좋은 게 없다는 걸 알아냈다. 구명정 위에 쌓인 눈도 사진으로 찍기에는 좋았다. 사진도 사진이지만 북극에 와서 눈을 봤다는 게 더없이 기분 좋았다. 아직 북극곰도 보지 못했는데 눈마저 못 봤다면 크게 낙심했을 것이다. 처음에는 눈이 곧 멈출 것 같아 조마조마했는데 다행히 1시간이 넘게 내렸고 그때부터 3cm는 됨직한 큰 눈송이의 함박눈이 되었다. 언젠가 함박눈은 기온이 그다지 낮지 않을 때 내린다는 글을 읽은 적이 있다. 그 말이 사실인 것 같다. 지금 기온이 그다지 낮지 않으니 말이다. 눈도 비의 일종이므로 눈이 그치면 날씨가 좋아질 것이다. 내일 아침에는 배 위로 수북이 쌓였으면 좋겠다. 하지만 내 간절한 바람에도 눈은 밤 10시가 안 되어 그쳐버렸다.

자기 전에 내일 오후 8시에 강연할 남극 이야기를 프린트했다. 욕심 같아서는 '남극과 우리나라'와 '남극 세종 기지의 겨울' 2편을 이야기하고 싶지만 이 이야기를 할 사람은 많다는 말에 양보했다. 내일 저녁 이야기의 제목을 후자로 정했지만 처음 이야기를 포함해 2편을 해야겠다.

그런데 드디어(기다린 것은 아니지만) 환자가 생겼다고 한다. 아무리 젊다고 해도 며칠 밤을 새우다시피 무리했으니 그럴 만도 할 것이다.

⚓ 놈을 떠난 이후 7월 30일 처음 보는 눈으로 덮인 구명정.

다행히 배에 의사가 있어 큰 문제는 아니지만, 아픈 사람이 생긴다는 것은 반갑지 않은 일이다. 하지만 곧 나을 것이라 믿는다.

7월 31일 토요일

어제 내린 눈이 남아 있는 것도 있지만 대부분은 물과 얼음으로 변했다. 그래도 1시간 반 정도 내린 눈이 아침까지 남아 있는 게 신통했다. 6시 50분 기준으로, 선교 뒷문 바깥에 있는 온도계의 기온이 0.5℃ 이니 눈은 천천히 녹을 것이다. 그런데 어제는 미처 생각지 못했지만 눈은 우현보다는 좌현에 많이 쌓여 있었다. 분명히 그 눈이 녹은 물이 모여 바닥에 깊이 3cm는 됨직한 물웅덩이를 만들었을 것이다.

언젠가 이 배의 약점 중 하나가 물 빠지는 구멍이 1개밖에 없다는 말을 들었던 것이 생각났다. 물 빠지는 구멍은 배의 상판 쪽, 철판으로 막힌 부분에 앞뒤로 1개씩은 있는 것이 상식일 터인데 이 배는 그렇지 않다. 배가 항상 수평을 유지한다면 또는 언제나 배수 구멍이 있는 쪽으로 기운다면 1개만으로도 괜찮겠지만 배는 그렇지 않다.

어쨌건 사람들의 관심은 이제 돌아가는 데로 쏠렸다. 배는 8월 13일

낮 12시쯤 놈으로 들어간다니 다음 날 아침 날씨만 나쁘지 않다면 하선하는 데에는 크게 문제없을 것이다. 사람들은 저마다 귀국 일정을 헤아려보면서 비행기 시간을 바꾸거나 시차에 따른 호텔 예약, 서울 도착 시간을 살피는 것처럼 이것저것 생각할 것이 많아 보였다. 연구원들이 시간 여유가 있다면 와보기 힘든 곳에 왔으니 이곳의 자연과 문물을 보고 가는 것도 좋겠다. 하지만 지금이 북반구 휴가철이라 숙소나 비행기 좌석은 미리 확실하게 해두는 것이 좋을 것이다.

오랜만에 덜 녹은 크고 단단한 얼음덩어리가 뱃머리 쪽으로 보여 2번씩이나 갑판으로 다가가 사진을 찍었다. 큰 얼음덩어리 주변은 대부분이 녹고 있는 작은 것들이었는데 어떻게 덜 녹은 얼음이 그 사이에 끼어 있었는지 의아했다. 해류나 바람 때문일 것이라 생각되지만 자세한 과정은 그런 얼음이 있는 곳과 해류와 바람 상태를 알아야 제

⚓ 시료 채집 장비를 내리고 올리는 A 프레임.

⚓ 해양 생물을 채집하는 봉고 네트.

대로 파악할 수 있을 것이다.

저녁식사가 끝날 무렵 두루마리 휴지가 식탁 위에 놓여 있었다. 그러자 누군가 "걸레가 밥상 위에 올려진 것과 똑같다"는 말을 했다. 맞는 말이다. 옛날 세종 기지에서도 같은 일이 있었는데, 그 광경을 본 서양 여자 관광객은 물자가 부족한 것을 이해한다면서도 웃음을 참지 못했다(서양 사람들은 두루마리 휴지를 화장실에서만 쓰니 그것을 식당에서 입 닦는 데 쓰려고 올려놓은 모습이 꽤 우스웠나 보다).

8시경, 남극의 지리와 자연과 인간의 활동과 우리나라의 남극 활동에 관한 강연을 1시간 20분쯤 했다. 내용은 지난번 강연과 같지만 아름다운 사진을 보여줄 수 있어 정말 다행이었다. 정경호 박사가 가져온 파일이 다행히 컴퓨터에서 열렸기 때문이다. 외국인들은 스크린을 보면서 나름대로 해석을 했을 것이다. 그런데 우리나라 사람들은 나누어준 요약문을 제대로 읽지 않는 것 같아 꼼꼼히 읽어보았으면 하는 생각이 들었다.

8월 1일 일요일

게으름을 피우다 늦게 일어나 하는 수 없이 운동도 쉬었다. 배에서 맞는 다섯 번째 일요일이자 8월의 첫날이다. 항해 일정의 반이 지났고 이제는 고개를 넘어 내려가는 길만 남았다. 그간 별 탈 없이 생활할 수 있어서 다행이라는 생각이 들었다. 일지식으로 쓰고 있는 이 항해기도 독자가 보기에 재미가 있든 없든 430매 정도를 썼으니 이런 식으로 쓴다면 돌아갈 때, 좀 적게 쓴다 해도 700매는 넘을 것이다. 그렇게 된다면 한 권의 책으로 엮기에 원고의 양이 그다지 적지 않을 테니 마음이 한결 놓였다.

멀리 해빙이 보였는데, 언뜻 보기에도 단단해 보이지는 않았다. 배는 북위 76°를 따라 정서 방향으로 달리며 약한 얼음에 닿았는지 스스슥 하는, 얼음 갈아내는 듯한 소리를 냈다. 3층 우현 상판에 살얼음이 얼어 신기한 마음에 여러 각도에서 몇 장 찍었다. 언젠가 기상연구소 사람들이 살얼음이 얼었다는 말을 했지만 직접 보기는 처음이었다. 선교의 기온은 −1.2℃이다.

아침을 먹을 때, 언제나 앉는 자리를 떠나 러시아 사람들이 앉아 있는 곳으로 옮겨 앉아 빙해항해사에게 남극과 북극 얼음의 차이를 물었다. 그는 남극의 해빙에는 해조, 크릴, 해초가 섞여 있어 빨리 녹는다고 했다. 얼음 조류가 해빙 바닥이나 가운데에 생긴다는 것은 익히 알고 있었지만 해빙 가운데 있는 크릴이나 해초는 본 적이 없다. 그는 또 남극의 얼음에는 눈이 50cm 이상 쌓이는 반면 북극 해빙은 직접 보았듯이 10~20cm 정도만 쌓인다고 덧붙였다. 북반구의 겨울이 끝날 때인 5월 초순 북극의 1년 된 얼음은 두께가 1.2~2m 정도이지만, 시간이 흐를수록 더 두꺼워져 2년 된 얼음은 1.8~3m 정도 된다. 또 2년 된 얼음은 염분이 모세관현상으로 빠져나가 민물 얼음이 되므로 녹여서 마실 수 있다고 한다. 그래서 2년 된 얼음이 더 단단하다는 말을 들은 게 기억났다.

그들은 한글 자모가 24자라는 사실을 의아하게 여기는 듯했다. 나는 그의 이름과 페테르부르크와 볼쇼이를 한글로 써 보이면서 자음과 모음의 관계를 설명해주었다. 덧붙여 한글이 과학에 바탕을 둔 대단한 문자라고 강조했다. 그러나 표정을 보니 한글의 우수성을 썩 인정하는 것 같지는 않아 보였다. 그도 그럴 것이 전혀 모르는 외국 문자의 우수성을 한 번 들었다고 해서 금방 이해하기는 어느 나라 사람이라도 마찬가지 반응을 보였을 것이다.

배에도 비행기에 장착하는 블랙박스Black Box에 해당하는 장치가 있다는 것을 이 배를 탄 다음에야 알았다. 이것은 운항 기록과 레이더,

⚓ 작은 얼음결정(서리)으로 덮인 앞갑판.　　　⚓ 물속에 잠긴 플랑크톤 채집용 그물.

기관의 출력 상태, 기중기 이용 상태를 포함하여 배의 모든 정보를 기록하는 장치이다. 선교에서 이야기하는 음성도 마이크를 통해서 기록된다고 한다. 그런 일이야 없어야 하겠지만 혹시 일어날 수도 있는 사고에 대비한 장치라고 한다. 그러나 그 장치는 선교에 있지 않고 4층에 있으며 잠겨 있어 사진을 찍지는 못했다(나중에 찍었다). 배에서는 이 장치를 '블랙박스'라고 부르지 않고 '항해자료기록기 VDR Voyage Data Recorder' 라고 부른다.

아침 9시 20분경, 갑자기 울린 화재경보에 깜짝 놀랐으나, 곧 세탁실의 스팀이 과하게 생기면서 울린 것이라는 방송이 나왔다. 그런데 이 경보를 통해 알게 된 사실이 있었다. 바로, 계단에서 각 복도로 들어가는 문이 자동으로 닫힌다는 사실이다. 평소에는 자석으로 문을 열어놓지만 불이 났을 때에는 불이 복도로 번지는 것을 방지하기 위해 설치된 안전 장치인가 보다. 실제 상황은 아니었지만 어쨌든 기계가 잘 작동하는 것 같아 마음이 놓였다.

한 젊은이가 내게 오더니 자신의 앞일에 대한 질문을 하기에, 나는 그가 말하는 대로 하는 게 좋겠고, 일하고 남는 시간에 영어나 그 밖에 다른 공부를 하는 게 어떻겠냐고 조언해주었다. 만약 영어를 공부하겠다면 TV나 라디오의 영어 프로그램을 들으라고 덧붙였다. 처음에는 힘들지 몰라도 그 방법이 영어를 잘할 수 있는 가장 좋은 방법 중의 하나라 믿기 때문이다.

사람의 심리는 참 묘한 것 같다. 양이 부족하다고 하면 평소 잘 먹지 않는 것이라도 일단 가져다 두려고 하니 말이다. 오늘 점심식사 후 식으로 아이스크림이 나왔는데, 이제 더는 아이스크림이 없다는 조리장의 말에 평소 잘 먹지도 않는 아이스크림을, 그것도 1통에 660cc나 되는 것을 재빨리 가져왔기 때문이다. 가져온 것은 롯데제과에서 만든 위즐이라는 아이스크림이었는데 아주 맛있게 보였다. 지금 당장 먹지 않더라도 가끔 아이스크림이 생각날 때마다 꺼내 먹거나 아니면 다른 사람에게 주면 된다. 조리장의 말로는 이 아이스크림이 일주일 후에는 1만 원이 되고, 10일 후에는 1만 5,000원이 된다고 했다. 그렇게 받고 파는 사람도 없고 사는 사람도 없겠지만, 귀하면 비싸진다는 일종의 경제원리가 바다 위라고 해서 예외가 되지는 않을 것이다.

12시 반경 기온은 -0.7℃로 올라갔지만 바지 사이로 파고드는 바람이 제법 춥고 해를 찾을 수 없을 정도로 하늘이 흐렸다. 바다에 떠 있는 얼음들은 거의 녹아내린 것들이 대부분이었지만 그나마도 바다의 40% 정도로 많지 않았다. 덕분에 얼음이 얇아 배는 크게 흔들리거나 덜컹거리지 않았다.

5시 15분, 무슨 중대한 일이 있는지 선장이 직접 방송을 하여 당직자를 제외한 선원들을 모두 불러 모았다. 나는 해당자가 아니니 내용은 알 수 없지만 무슨 중대한 일이 있는 걸까? 나중에 듣기로는 올해 하반기에 남극 세종 기지로 가는 이 배가 내년 5월경에 돌아온다며, 배에서 일할지 아니면 그만둘지를 물었다고 한다. 7개월가량 고국을 떠난다는 것이 그리 쉽지는 않을 것이다.

자연다큐멘터리회사인 DMZ 와일드의 임완호 씨가 남극 세종 기지에서 촬영한 것을 몇 년 전 연초에 KBS가 50분짜리 2부작으로 방영한 것의 1부를 보았다. 그런데 나중에 바로잡았겠지만 젠투펭귄 이야기에 느닷없이 턱끈펭귄이 설명도 없이 등장하고, 스쿠아가 알을 1개만 낳는다는 틀린 이야기가 나와서 신경에 거슬렸다. 그래도 젠투펭귄의 포란반을 포함하여 펭귄의 체온을 적외선 촬영기로 촬영해 보여주는 것은 과학의 놀라운 힘이고 노력이다. 또 스쿠아가 새끼 펭귄을 물고 가자 어미 펭귄이 따라와 스쿠아와 싸우는 장면은 처음 보는 장면이었지만, 그 순간을 위해 오랜 시간 기다렸다 찍은 사람의 노고가 고맙게 느껴졌다. 표범해표가 펭귄을 잡아 물에 후려치는 장면도 보기 드문 장면이었다.

어제, 저녁을 먹다가 위턱 왼쪽 어금니가 시큰하더니 음식을 씹지 못할 정도로 아팠다. 의사에게 가봤자 진통제나 줄 것 같고 당분간 그쪽 어금니를 쓰지 않는 게 좋을 것 같아, 엊저녁부터 오른쪽 턱으로만 씹었다. 얼굴의 좌우대칭이 깨어지고 오른쪽 어금니마저 과로해서 상하지 않을까 괜스레 걱정이 밀려왔다. 나이를 먹으면서 몸 여기저기가 고장이 나고 돈 들 일만 생겨 마음이 무겁다.

8월 2일 월요일

6시 20분이 좀 못 되어 좌현 쪽에서 선교로 올라가려니 3층 바닥에 살얼음이 얼어 있어 미끄러웠다. 계단도 계단이었지만 계단 손잡이에도 얼음이 만져졌다. 선교에서 내려오다 4층 난간에 매달린 작은 고드름들이 눈에 띄었다. 기온이 0.0℃ 이니 녹기 직전 상태일 것이다.

자세히 보니 배의 좌현 난간에만 고드름이 있었고, 우현 난간에는 거의 보이지 않았다. 우현 난간에서도 좌현에 가까운 쪽에만 자그마한 게 매달려 있을 뿐이었다. 3층에서 4층으로 올라가는 계단의 난간에도 고드름이 있었고 바다 쪽, 곧 왼쪽 난간의 고드름이 약간 더 컸다. 4층 난간의 고드름은 크면 6cm 정도이며 5~6cm가 4층 난간 전체 고드름의 3분의 1 정도였다. 작으면 1cm 정도로 작은 게 더 많았다. 같은 난간에서도 높은 난간에 긴 게 많았고, 낮은 난간에는 짧은 고드름이 많았다. 선교의 좌현 뒤쪽 난간에는 길이 5, 6cm, 4, 5cm, 4cm보다 작은

게 전체 고드름의 각각 3분의 1 정도였다. 선교 좌현 뒤쪽 난간에는 선
수 쪽과 높은 난간에 더 긴 고드름이 매달려 있었다. 반면, 선교의 좌
현 난간에도 앞쪽과 우현 난간에는 고드름이 매달리지 않았다.

3층에서 4층으로 올라가는 계단의 아래 면에도 고드름이 매달려
있었다. 13계단에서도 8째와 10째 계단 사이에 길이 3~4cm의 더 긴
고드름이 더 많았고 아래와 위쪽 계단에는 그렇지 않았다. 4층에서 선
교로 올라가는 계단의 아래 면에도 고드름이 매달렸고, 계단의 아래
면에서도 선미 쪽으로 1cm 정도의 작은 고드름이 달렸고 선수, 곧 구

⚓ 헬리콥터 갑판 난간에 생긴
고드름.

⚓ 선교 난간에 맺힌 고드름.

⚓ 가까이에서 본
계단 바닥에 생긴 고드름.

⚓ 4층 선교로 올라가는 계단 바닥에 생긴 고드름.

조물 쪽으로는 달리지 않았다. 반면 계단은 미끄럽지 않았으며 4층과 선교의 바닥도 미끄럽지 않았다. 작고 투명하고 길쭉한 고드름이 하도 아름다워 시간 가는 줄 모르고 사진을 찍었다.

지난밤 기온이 영하로 떨어지면서, 선교의 갑판수 말대로 내린 가랑비의 빗물이 때맞춰 흐르면서 고드름이 되었다. 지금까지 기온이 영하로 떨어진 적은 있었지만 가랑비가 오지 않아 고드름을 보지 못했다. 게다가 배의 구조상 우현보다는 좌현에 열이 덜 가기 때문에 좌현에 고드름이 생겼다. 아주 미세한 차이이지만 물은 알고 있을 것이다. 고드름을 보았을 때 기온이 0.0℃ 이니 녹기 직전이나 방금 녹기 시작했다고 봐야 할 것이다. 만약 기온이 더 낮았다면 4층과 선교 바닥에 살얼음이라도 얼었을 것이고, 4층에서 선교로 올라가는 계단도 미끄러웠을 것이다. 기온은 7시 40분이 되어 1.1℃로 올라갔고, 다시 8시 50분에 1.2℃, 오후 1시 10분에 2.5℃로 높아졌다.

아침을 먹을 때, 식빵의 양쪽 끝 가장자리를 먹으면서 사람들이 이 부분을 먹지 않는다고 말하자, 맞은편 방을 쓰고 있는 해양대학교 김정만 교수가 그 부분은 "밥으로 말하면 누룽지요, 김밥으로 말하면 꽁지로 더 맛있다"고 말했다. 맞는 말이다.

식빵의 양쪽 가장자리의 조각은 한쪽이 구워져 있다. 옛날 프랑스에서 공부했을 때, 기다란 바게트를 사다가 빵 껍데기만 먹던 사람도 있었고, 껍데기만 떼어내고 먹던 사람도 있었다. 분명 전자는 누룽지를 좋아했던 사람이고 후자는 누룽지의 맛을 모르는 사람이었는지도 모른다. 아니 어쩌면 전자는 빵의 바삭거리는 부분을 좋아하고, 후자는 부드러운 부분을 더 좋아했을지도 모른다.

날개의 위쪽 부분은 하얗지만 머리와 부리를 포함하여 검은색이 대체로 많은 새 2마리를 보았다. 이 새들은 처음 보는 것으로, 암수로 생각되었는데, 사람을 처음 보는지 상당히 경계를 하는 통에 가까이 갈 수 없었다. 그러면서도 인간에 대한 호기심 때문인지 멀리 날아가지는 않았다. 그러나 사람이 자신들에게 관심을 갖는다는 것을 알아채고는 어디론가 날아가 버렸다. 가지고 있는 카메라의 확대 기능이 좋지 못해 새의 크기가 아주 작고 모습이 분명하지 않게 찍힌 게 아쉬웠다. 분명하지는 않지만 이 새들은 발이 분홍색이고, 물에서 날아갈 때 수면을 날개로 한두 번씩 쳤는데, 아마도 이 지역 새에 관한 책을 찾아본다면 이름과 특징을 알 수 있을 것이다.

오늘 저녁 7시에 북쪽으로 위도 1°를 올라가 3번에 걸쳐 얼음을 찾으려는 계획이 공지되었다. 위도 1°를 올라가는 데 필요한 시간을 10시간으로 잡았으니 1시간에 6마일, 곧 11km 정도를 가겠다는 뜻이다. 얼음 상태를 모르니 자세히는 알 수 없지만 그 정도는 충분히 갈 수 있을 것이다. 미국 사람들은 갑자기 할 일이 생겨 좋아할지도 모른다. 중국학자는 얼음 위로 내려가겠다면서 잔뜩 기대에 찬 표정을 지었다.

저녁을 먹고 헬리콥터 덱에서 스크루가 만들어내는 물결과 바람으로 생기는 물결이 만나는 모습을 한참 동안 내려다보았다. 스크루는 주로 물을 소용돌이로 솟아나게 할 만큼 강하지만, 바람으로 생기는 물결처럼 일정한 규칙은 없고 스크루의 회전 방향과 속도에 따라 솟아오르는 물의 세기와 크기가 달라진다. 또 스크루가 만들어 솟아오르는 물은 물결을 만들기보다는 물을 평탄하게 만드는 것처럼 보인다. 결국 스크루가 만드는 평탄한 물과 바람이 만드는 잔잔한 물결은 섞이지 않

고 스스로의 세력권을 유지한다. 파동은 쉽게 섞이지 않을 것으로 보인다. 그렇다면 물도 물의 내부의 움직임에 따라 잘 섞이지 않을 것이다.

8시 반이 넘어 북쪽으로 가는 배는 두꺼운 얼음을 깨뜨리는지 크게 진동했다. 내일 아침까지는 이렇게 흔들리고 덜컹거리고 힘겹게 달려갈 것이다.

8월 3일 화요일

아침에 눈으로 하얗게 덮인 4층 갑판의 눈을 들여다보니 눈발이 유난히 고왔다. 완전히 하얗게 덮이지는 않고 바다 색깔이 드문드문 보이는 곳의 눈을 자세히 들여다보니 흔히 보는 육각형의 눈결정이 아니라 아주 작고 고운 침 같은 날카로운 결정이었다. 너무 작아 찍히지 않을 거라 미리부터 체념하고 사진기를 들이댔는데 운 좋게도 초점이 맞았다. 얼음이 광물이고 바늘 같은 침상이라는 것은 알지만, 얼음결정이 모여서 눈이 된다면 눈이 되기 전의 얼음 모양도 그럴 것이다.

오전 9시가 조금 못 되어 진한 해무 속에서 아주 가는 눈발이 날렸다. 옷에 묻은 눈발을 자세히 들여다보니 길이 1.5~2mm에 폭은 0.1mm 정도의 아주 가늘고 긴 가냘픈 하얀 막대기였다. 그렇다면 이런 눈발이 모여 4층 갑판에 쌓였나? 그럴지도 모른다. 하루 종일 기온은 영하로, 좀 더 자세하게 알아보면, 아침 6시 반이 안 되어 −2.7℃가

6시 53분에 −2.5℃로 올라갔다가 배가 북쪽으로 가면서 8시 37분에 −3.0℃로 떨어졌다가 다시 9시 52분에 −3.6℃로 떨어졌다. 그러나 10시 20분에 −3.2℃로 높아졌고 12시 33분에 −3.0℃, 오후 2시 10분에 다시 −0.5℃, 3시 57분에 −0.4℃로 올라갔으며 오후 9시 58분에는 2.2℃가 되었다. 배는 오전 9시경 목적한 북위 77°, 서경 160°에 와서 머물렀다. 물론 얼음과 함께 조금씩 표류했으나 대단한 정도는 아니다. 그러므로 영하의 기온이 영상으로 올라왔다고 보아야 한다. 그러나 가는 눈은 영하의 온도에서 내렸다. 이런 눈이 모여 아침에 4층 갑판에서 본 눈이 되었을 것이다.

배는 오전 9시쯤 목적지인 북위 77°, 서경 160° 부근에 다다랐다. 북쪽으로 올라와서 날이 찼지만 해무 속에서 보이는 새하얀 얼음들은 두껍지 않았다. 새하얀 것은 기온이 낮지 않아 녹지 않았을 뿐, 얼음이 두껍다는 뜻은 아니다. 얼음이 너무 얇고 작아 위도 30′이라도 더 북쪽으로 가자는 말에 날씨가 좋기를 30분은 기다리겠다는 말이 답변이었다.

헬리콥터는 10시 35분 이륙했다가 10분 만에 돌아왔다. 조종사인 하워드 리드^{Howard Reed} 씨의 말로는 시야가 너무 나빠 1마일에서 1.5마일밖에 보이지 않았으며 좋은 얼음을 다시 찾아야겠단다. 날씨가 너무 급하게 변한다는 점도 큰 장애물이다. 그러나 그런 것을 일일이 탓할 수는 없다.

11시가 지나자 해가 다시 나타나면서 갑판에 쌓였던 눈이 많이 녹았다. 해가 나면서 증발되어 사라졌고 그것도 우현 쪽이 먼저 사라져 어제의 고드름과 같은 현상이 나타났다. 한편 선교 뒷문 왼쪽에 있는

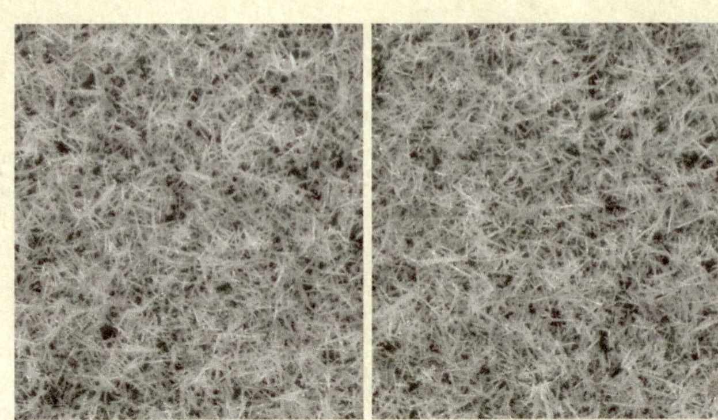

⚓ 앞갑판에 생긴
가는 얼음결정들.

⚓ 북극의 아름다운 황혼.

⚓ 얼음 위에서 장비 상자를 열고 조사할 준비를 하는 연구원들.

둥근 철 구조물은 하얀색이라 빛을 흡수하지 않아서인지 초록색 선교 바닥의 눈은 녹았어도 구조물 위에 쌓인 눈은 늦은 저녁이 되어도 거의 녹지 않았다. 이유를 알고 있어도 직접 눈으로 보니 신기했다.

점심식사 후식에 처음으로 빨간 체리가 눈에 띄는 과일 칵테일이 나와 얼른 그릇에 퍼다 놓고 사진을 찍었다. 지금이야 쉽게 구할 수 있는 것들이지만, 옛날에는 바나나와 파인애플 그리고 과일 칵테일은 흔하지 않은 외국 과일이었다. 더구나 과일 칵테일은 여러 가지 과일이 섞여 있어 아주 좋아했던 것이 기억에 남아 일단 그릇 가득 채워 가져다 놓았던 것이다. 맛이나 색깔도 옛날 그대로이고 단맛도 그대로였다. 단것이 몸에 그다지 좋지 않다는 이야기에 멀리하고 있기는 하지만 단맛은 언제나 입 안을 즐겁게 해준다.

오후 3시 가까이 되어 해양대학교 남청도 교수, 연구소 김춘식 씨, 한승필 씨와 함께 헬리콥터를 타고 쇄빙선 둘레를 돌면서 사진을 찍었다. 그 사진들 가운데 몇 장은 그런대로 쓸 만했다. 그러나 구도가 어긋난 사진들이 아주 많았다.

얼음팀이 점심을 먹고 배의 우현 쪽에 있는 얼음덩어리에 내려 쇄빙 능력을 시험하기로 했다는 말을 들었다. 그 덕분에 미국인들은 오늘 오랜만에 일을 제대로 했다. 하워드가 사람들과 장비를 내리는 헬리콥터를 조종했고, 데이비드는 조수를 했고, 마르티는 통신 겸 보조를 맡았다. 사람들이 일하는 동안 개리 할아버지는 4층 연돌 옆 갑판에서 북극곰이 다가오는지 망을 보았다. 개리 할아버지에게 "북극곰을 1마리만 데리고 와야 하고, 그렇지 않으면 곰 감시인이 있을 필요가 없어요"라고 농담을 건넸다. 그는 내 농담을 알아듣고는 미소를 띠며 사람들이 얼음 위에 다 내리면 그렇게 하겠노라고 대답했다. 내가 그가 있는 곳으로 올라가자 그는 자신이 있는 4층 갑판이 연돌 바로 옆이라 시끄럽다고 말했다.

개리 할아버지가 곰을 감시하는 동안 필리핀 아가씨는 손녀가 할아버지에게 하듯이 따뜻한 커피를 그에게 대접했다. 지난번에도 그랬다는데 그때는 보지 못했고 이번에는 두 사람을 찍을 수 있었다. 얼굴도 예쁘고 마음씨도 곱고 잘 웃고 성격도 밝은 아가씨다.

쇄빙 능력을 연구하는 사람들이 내린 얼음은 길이가 160m에 폭이 30~40m 정도에 두께는 2~3m인 얼음으로 배에 가까운 쪽은 1년생 얼음이고, 먼 쪽은 2년생 얼음이었다. 1년생 얼음에 고인 물은 바닷물처럼 짜고, 2년생 얼음에 고인 물은 민물 같았는데, 그 정도의 민물이면 배에서 쓸 수 있을 정도라고 누군가가 말했다. 1년생 얼음은 바다의 염분이 녹아들어 있어 짜고 2년생 얼음은 염분이 빠져나간 상태라 민물이나 마찬가지라고 한다.

저녁식사가 끝난 다음에 시작한 쇄빙 시험은 3m 두께의 얼음에 부딪혀 배가 옆으로 미끄러졌다. 속도와 방향을 재빨리 바꾸어 다시 올바른 코스로 접어들었지만 일은 뜻대로 되지 않았다. 다소 아쉬웠다는 사람들도 있었지만 그래도 얼음들이 시원하게 몇 개의 조각으로 쪼개졌다. 이보다 안타까웠던 것은 시야가 나빠 한승필 씨가 타려던 헬리콥터 운행이 취소된 일이다. 그가 촬영이라도 했다면 그 장면을 더 자세히 볼 수 있었을 텐데……. 하지만 이런 얼음 시험을 앞으로도 2번은 더 한다고 하니 아직 기회는 있다.

밤 10시가 다 되어 북극의 황혼이라고 부를 정도로 아름다운 하늘이 보여 한참을 시간 가는 줄 모르고 지켜보았다. 아무리 위도가 높아 해가 지지 않더라도 8월 초순이니 밤에는 태양이 상당히 낮게 지며 아름다운 장관이 펼쳐지는 것이다. 안타까운 것은, 내가 아직 사진 기술을 잘 알지 못하고 카메라의 해상도 또한 낮아 이 아름다운 모습을 섬세하게 담아내지 못한다는 것이다.

한편 선실이 매우 건조했는데, 서호선 기관장의 말로는 수분을 기계로 천장에서 공급하면 냄새가 난단다. 그러므로 세면기에 물을 담아놓고 화장실의 문을 열어놓는 게 가장 좋은 방법이라고 알려주었다. 당장 그렇게 해야겠다는 생각이 들 정도로 방이 건조했다. 그런데 세면기에 물을 트는 것보다도 빨아놓은 양말이나 물에 적신 수건을 방에 널어두는 것도 좋을 방법일 것 같다는 아이디어가 떠올랐다.

최근 선원들 사이에서 긴장감이 높아지고 있다는 말을 들었다. 그런 이유에서인지는 몰라도 노래방에서 나는 소리가 점점 높아져가는 것도 같다. 집 떠난 지도 벌써 1개월이 넘었고 10월 중순에는 또다시 7개월 예정으로 남극을 간다니, 평상심을 유지하기가 힘들 것이다. 배를 타지 않으면 되지 않겠느냐고 반문할지도 모르지만, 그렇게 간단히 생각할 문제가 아니다. 배와 선원의 세계에는 그들대로 고충과 어려움이 있다. 배를 타는 것이 직업이라면 이러한 일상을 당연하게 여겨야 하겠지만 그렇게 단순하게 생각하기에는 각자 사정이 다를 것이다.

8월 4일 수요일

세면기에 가득 받아놓은 물이 어느새 반쯤 줄어들었다. 모두 증발하지는 않았고 하수구로 흘러 내려간 게 더 많은 것 같았다. 물에 적신 수건도 다 마르지는 않았지만 운동할 때 입는 아래위의 옷은 뽀송뽀송하게 말라 있었다. 이렇게 한다고 해서 얼마만큼 방에 수분을 공급했는지는 자세히 알 수 없지만 그래도 어느 정도 건조함은 덜해졌을 것이다.

어제 아침부터 오늘 아침까지 항적을 보니 배는 마치 거대한 뱀처럼 S자를 그리며 움직였다. 배가 거대한 얼음에 붙어 있었을 때에는 10분 동안 100m도 채 움직이지 않아, 10분마다 표시한 표지가 알아볼 수 없을 만큼 복잡했다. 얼음덩어리와 배는 바람과 해류와 조석으로는 조금밖에 움직이지 못한다. 반면 10분 동안에 몇 km씩 움직인 것은 배가 항해한 항적이다. 13시 9분의 항적도를 보면 항적이 돌아가고, 갈지자로 가고, 꺾어지고, 휘어지고, 비틀거리고, 똑바로 가고, 8자를 만들고, 180도로 돌고, 꼬이고, 규칙성 있게 가거나 용을 만들고 그림을 그리고 재주를 부렸다. 저녁때가 되자 배는 드디어 영국 지도를 그렸다. 배가 움직이고 있을 때는 잘 느끼지 못하지만 하루 정도 움직인 것을 1장의 종이에 모아보면 정말 상상을 초월하는 별난 모습이 다 보인다.

점심을 먹고 배가 위치를 옮겨 얼음을 찾으려다가 날씨가 좋아지는 것 같아 헬리콥터로 찾기로 했다. 그러나 연료를 보충하고 이륙 준비를 하던 중 갑자기 날씨가 나빠져 헬리콥터를 격납고에 넣으려 하자 날씨가 언제 그랬냐는 듯 다시 좋아지기 시작했다. 결국 12시 40분이 넘어 이륙한 헬리콥터는 1시간 만에 돌아왔다. 얼음 연구는 쇄빙선도 있어야 하지만 날씨도 좋아야 하고 얼음도 있어야 한다!

오후에 얼음팀과 생물팀은 배의 방향에 수직으로 설치한 계단으로

⚓ 얼음 위로
내려가는 모습.

⚓ 쇄빙선은 움직이고 밀리면서 신기한 항적을 남겼다. 8월 4일 오후 8시 35분 항적도.

배 근처에 있는 얼음 위로 내려갔다. 얼음에 내려온 사람들은 크게 두 그룹으로 나뉘었다. 얼음팀은 방향을 잡은 다음 거리를 표시하고 얼음을 뚫어 얻은 얼음의 특성을 조사했으며 얼음의 두께를 재었다. 반면 생물팀은 얼음 아래에서 생장하는 미생물을 채집하려고 얼음을 뚫었다. 얼음이 너무 두꺼워 가지고 간 장비로 얼음을 제대로 뚫지 못하면 더 얇은 얼음을 찾아야 했다. 결국 어렵게 얼음을 뚫고 가져간 장비로 염분과 수온을 잴 수 있었다. 얼음 표면에 군데군데 있는 못은, 두께 2cm 정도의 민물 얼음으로 덮여 있었다. 얼음의 위 표면은 우툴두툴해도 아래 면은 아주 매끈했으며 얼음의 단면에서는 불확실하지만 얼음의 결정을 볼 수 있었다.

오랜만에 배에서 내려왔으나, 하는 일이 팀마다 각각 달라서 바쁘게 움직이는 사람도 있고 얼음 위를 즐기는 사람도 있었다. 배 위에서 밤새워 일했으니 땅은 아니지만 잠깐 놀고 싶은 마음에 눈사람도 만들

⚓ 8월 4일 오후, 날씨가 좋아 많은 사람이 배에서 얼음 위로 내려왔다.

고 싶었을 것이다. 날씨는 흐렸지만 바람이 세지 않아 견딜 만한 날씨였다. 오후 내내 얼음 위에 있었는데 저녁을 먹은 다음에도 얼음 위로 내려간 사람들이 있었다. 밤 11시가 넘어 얼음을 깨는 실험을 했다(실험은 잘 되었지만 얼음 자체가 강하지 않아 배가 얼음을 깨는 게 아니라 깨어진 얼음을 밀고 다니는 격이었다는 말을 다음 날 들었다).

헬리콥터 조종사인 하워드 리드 씨는 사람 많은 것을 싫어해 사람이 거의 없는 알라스카에 정착한 지 30년이 되었다고 한다. 충분히 그럴 수 있는 일이다. 실제로 미국인 가운데는 대자연을 좋아하거나 군중이 싫어 아주 외지고 호젓한 곳에서 사는 사람들이 뜻밖에 많기 때문이다. 그렇다고 아예 친구를 두지 않는 것은 아니어서 자신과 비슷한 성향을 가진 사람들끼리는 어울리며 만나지만 도시처럼 그렇게 시끌벅적하지는 않다고 한다. 오래전 『내셔널 지오그래픽』 잡지에서 이와 비슷한 기사를 읽었던 것이 기억났다.

미국인 4명 중에서 가장 말수가 적은 그는 유일하게 담배를 피운다. 그는 연평균 500시간을 비행하여 생활하고 있는데, 알라스카를 사랑하는 그의 아들도 그를 닮아 헬리콥터 조종사라고 했다. 그의 회사에는 헬리콥터가 9대 있는데, 알라스카에 헬리콥터회사는 8개 정도 이고, 헬리콥터의 수는 100대 정도 있다고 한다.

한편, 의사인 한상호 선생이 회충을 이용한 다이어트가 있다고 말하여 호기심이 일었다. 간단히 설명하면, 우리가 섭취하는 영양분을 인체가 아닌 회충이 먹게 하여 몸에 칼로리를 덜 축적시키려는 다이어트다. 일리 있는 말 같았다. 사람이 혼자 다 먹는 것보다는 아무래도 적게 섭취하게 될 테니 다이어트라는 말이 의미가 있다. 또 최근 연구된 바에 따르면 편충의 유충은 사람의 위장을 비롯한 소화기관에서 작은 궤양을 먹어 없앤다고 한다. 한마디로 편충이 위궤양을 치료하고 위암을 막는 것이다. 기생충은 숙주가 오래 살아야 자기도 오래 살 수 있기 때문에 숙주를 오래 살게 한다는 설명이 완전히 틀린 설명은 아니라 생각된다. 샤워를 매일 하는 것도 피부를 벗겨내는 것과 같아서 샤워를 한 다음에는 반드시 피부 보호제를 발라야 한다. 후천성면역결핍증(AIDS)도 알고 보면 사람이 의약품으로 인체의 면역력을 많이 없앴기 때문에 생긴다고 보아도 틀린 말은 아닐 것이다. 사람은 생물의 일종으로 혼자 살아갈 수 있는 능력이 있는데, 현대의학이 아주 많은 약으로 그 능력을 없앴다고 말하면 무지한 이야기라고 할까?

저녁식사 때 해양대학교 김정만 교수가 신기한 것을 발견했다. 바로 킹크랩의 퇴화한 다리 2개를 몸통 속에서 발견한 것이다. 다리는 3개의 마디에 털이 나 있었지만 가시는 없으며, 마지막 마디는 털로 싸여 있고, 다른 다리와 달리 발톱이 없어 날카롭지는 않았다. 몸에서 가까운 마디가 가장 크고, 멀수록 작아지며, 몸통의 빨간 빛깔도 진하지 않고 붉은 곳만 붉어 고르지 않았다. 킹크랩은 원래 다리가 10개인데, 8개만 보여 사람들이 흔히 8개로 착각한다.

그런데 나뿐 아니라 다른 사람들도 아직까지 발견하지 못한 것이 이상하다. 그동안 모두들 무심코 먹었나? 그럴 수 있다. 아니면 보긴 했지만 역시나 무심히 넘긴 걸까? 그것도 아니면 퇴화된 다리가 있는 개체가 따로 있을지도 모른다. 다음에 킹크랩이 또 나온다면 유심히 살펴봐야겠다. 한편, 몸통에 붙어 있는 다리를 분명히 촬영했는데 사진이 없어져 안타깝지만 떼어낸 다리가 있어 안심했다.

이야기를 나누던 중 배가 8월 25일이나 26일 부산으로 들어간다는 말이 나왔다. 연료도 부족하고 어차피 조선소가 부산에 있으므로 인천까지 갔다 오는 수고를 덜려는 생각 같았다. 다만 북극 조사를 제대로 한다면 굳이 길게 할 필요는 없을 것이다. 8월 25일 부산이라면 27일 인천과 같은 말이고 며칠 당기는 셈이다. 더구나 10월 중순에 7개월 예정으로 남극에 간다면 단 며칠이라도 선원들에게 자유 시간을 더 주어야 하지 않을까? 나중에 듣기로는 26일 오후 늦게 부산으로 들어갈 것이라고 한다.

8월 5일 목요일

쇄빙선의 성능을 계측하고 얼음 정보를 수집하는 팀은 어제 오후 늦게 한 쇄빙 시험이 마음에 들지 않아 오늘 12시까지 얼음을 찾아보기로 했다. 얼음을 찾으러 가는 동안 과제 책임자인 이춘주 박사는 새벽부터 선교에 올라와 갑판에 있는 연구원에게 얼음이 깨지는 특성을 쉬지 않고 물었고, 선교로 같이 온 사람에게 배의 추진력과 속도를 물었다. 배가 얼음을 깨는지 아니면 깨어진 얼음끼리 부딪쳐 깨지는지와 그때 배의 힘과 속도를 알아야 하기 때문이다. 실제 배는 얼음을 깨지만 깨진 얼음을 밀고 가는 수도 자주 있다고 한다. 한편, 기온은 영상 1, 2℃라도 갑판은 추운 곳이라 무전기에서 나오는 대답 소리에 힘이 없으면 "추워서 입이 얼었다"며 언 몸을 녹이라고 다른 사람으로 교대해주기도 하였다.

10시 40분 배는 목적지인 북위 78°, 서경 159°에 다다랐으며, 이춘

주 박사팀은 헬리콥터로 얼음을 찾아 나섰다. 날씨가 좋아 40분 이상을 날아다니며 7km 정도 떨어져 있는 쓸 만한 얼음을 찾아냈는데, 북극곰도 발견했다는 말에 "과연 북극에 오기는 했구나" 하는 생각이 들었다. 그들이 발견한 얼음의 표면은 그다지 고르지는 않아도 물이 고인 부분도 적고, 그런 대로 괜찮다는 게 얼음팀의 의견이었다. 또 북극곰을 발견했으니 이제야 곰 감시인의 존재 가치를 보여줄 때가 온 것이다(실제로 곰 감시인인 개리 월러스 씨는 어제 오후와 저녁때 곰을 경계하면서 1시간에 3~5km를 걷는 북극곰이 배의 주방에서 나는 음식 냄새를 맡고 나타날까 봐 상당히 걱정했다고 다음 날 말해주었다). 한편 점심을 먹는 동안 하늘이 아주 맑아져 날씨도 도와준다는 기분이 들 정도였다.

얼음팀이 찾아낸 얼음의 길이는 300m에 폭은 150m 정도이며, 얼음-물-얼음 3층으로 언 얼음으로, 두께는 얇으면 1.2m에서 두꺼우면 3m 정도였고, 가장 두꺼운 곳은 5m나 되는 곳도 있었다. 북극의 얼음

⚓ 얼음을 굴착하기 위해 장비를 설치하고 있다.　　⚓ 굴착된 얼음의 특성을 측정하고 있다.

은 바람이나 해류 같은 이유로 깨졌다가 다시 다른 얼음과 닿아 어는 경우가 많으며, 그 경우 그 부분은 약간 솟아나도 아래로는 상당히 두꺼워진다. 얼음의 평균 두께를 2m로 잡고 얼음의 비중을 0.9로 잡을 경우, 얼음팀이 찾아낸 얼음의 중량은 어림잡아 8만 1,000톤 정도가 된다.

저녁 10시가 조금 넘어 시작된 쇄빙 시험에서 배가 힘을 내어 얼음을 깨기 시작하기 몇 초 전에는 배의 자이로 컴퍼스 앞에 선 김 선장의 목소리가 점점 높아져갔고, 지시에 따르는 조타수의 목소리도 아주 높아졌다. 목소리가 높고 빠르며 전문용어를 쓰기 때문에 문외한은 무슨 말인지 도통 알 수가 없다. 배에 부딪혀 깨진 얼음 조각들은 바다에 그야말로 내동댕이쳐진 격이 되어 쪼개지고 부스러지고 눌리고 가라앉고 떠오르고 밀려나갔으니 배의 힘이 어느 정도인지를 짐작할 수 있었다.

쇄빙 시험이 끝나자 배는 서둘러 다음 조사지점인 북위 78°00′, 서경 160°00′인 28번 조사지점으로 달려갔다. 이제는 극지를 떠나 문명 세계로 가까이 가 돌아가는 길이다. 놈에 들렀다가 베링 해를 지나 캄차카 반도 옆을 지나 올라왔던 길을 그대로 따라 내려가면 된다. 한편 오늘 오후 헬리콥터를 처음 탄 사람들은 헬리콥터도 헬리콥터지만 아주 좋은 날씨에 새하얀 북극의 얼음바다를 날았다는 감동을 오래 간직할 것이다.

빙해항해사는 1960년대 말인지 1970년대 초인지 확실히 기억나지는 않지만 재미있는 이야기를 해주었다. 당시 러시아 과학자들은 북극점 해빙덩어리 위에 있는 N19라는 '떠다니는 기지'에서 연구했다고 한다. 처음에는 1개였던 얼음덩어리가 2개로 나누어져 서쪽으로 떠갔으며 1개는 북극에서 사라졌다고 한다. 다른 1개는 놀랍게도 4,000km 이상 떨어진 그린란드의 동쪽 해안까지 떠내려 와서 녹았다고 한다. 그때 우연히 그 해안에서 사는 소년이 러시아 기지의 주소가 적힌 편지봉투를 주워 그런 사실이 러시아 연구소와 다른 사람들에게 알려졌다. 혹시 이 글을 읽는 독자 중에 우표나 극지봉투를 수집하는 사람이 있다면 이 이야기를 알고 있는 사람도 있을지 모르겠다. 재미있는 것은, 당시 기지대장이 아서 칠링가로프^{Arthur Chilingarov} 씨로, 그는 1988년 11월 우리나라의 남극 세종 기지를 검열했을 때 검열단장이었다. 큰 몸집에 콧수염을 길렀던 그는 러시아 전 대통령 보리스 옐친의 친구이며, 2007년 8월 잠수정으로 북극점 바닥에다 러시아기를 세워 신문에 났던 인물이다.

늦은 오후 북극의 얼음바다는 눈은 파삭거리고-못은 눈으로 덮였고-윤곽으로 못이나 얼음 조각을 알아볼 수 있어-평지도 약간의 기복이 있어-북극의 빙평선은 수평선과 달리 직선이 아니고-얼음 봉우리^{ice ridge} 로 우툴두툴해-똑

바로 잘 긋지 못한 직선-이 빠진 가는 톱날-톱으로 자르고 대패로 밀지 않은 나무 위에 종이 놓고 자로 그린 직선-바람 없어-조용하고-아늑하고-평온하고-평화롭고-태양은 환하게 빛나고-바닥에서 얼어가는 연못의 면은 광택을 내고-눈으로 덮인 못의 표면은 특별한 광택이 없고-눈은 파삭파삭한 담요(딱딱하게 얼지 않았다는 것을 알기 때문)-도랑과 못은 미끈하게 채워지고-윤곽 깊이를 보여주고-이는 숨은 함정-위험해-바닥에서는 작은 알갱이-얼음결정이 반짝반짝-발걸음을 옮길 때마다 반짝거리는 알갱이가 바뀌어 반짝거리고-이는 눈 결정면의 방향에 따른 것-면각 일정의 법칙이 눈결정에서도 통할 것-결정(면)이 향하는 방향이 달라-아름다움, 특별함, 보통이 아님을 보여주고-눈도 상당히 힘을 주어 밟아야 들어가-눈이 얼음으로 되어가는 아주 초기단계(?)-큰 못도 얼었어-푸른 기가 있지만 표면은 얼었고-깊은 곳은 물이므로 파란색이 나타날 것-아름다워-사람의 손이 닿지 않는 대자연이-교란되지 않아-북극곰이 있다고는 하지만 보이지 않고-나타날 것 같지는 않아-평화로워-깨끗하고-그래도 가혹한 곳-생존-조심-먼 남쪽 빙평선 위로는 회색 구름이 낮게 깔려 있고-동쪽과 서쪽과 북쪽 하늘은 깨끗해-파란 하늘-낮아지고 멀어지면서는 누르스

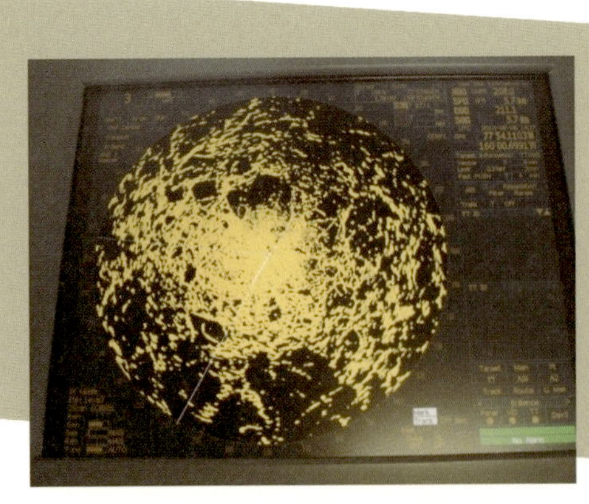

⚓ 8월 5일 오전 9시 45분
선교 레이더.
배는 유빙들로 둘러싸였다.

름한 색깔이 끼어 들어가-태양은 쨍쨍하지만-그래도 뜨겁지는 않아-고도가 낮은 탓일 것.

　　하얗고-파랗고-단순함이 조용하게 만들어-아무 소리도 없고(배 발전기 소리 외에는)-조용함-황막함-쓸쓸함-외로움-대자연이라 감히 당하지 못해-말 없지만 위엄이 있고-그러나 겨울에는 무섭고-혹독한 곳이 될 것-대도시에서는 느끼기 힘든 감정-이런 조용함-단순함이 사람을 극지를 칭송하게 하는가?-보이는 게-눈에 덮인-우툴두툴한 얼음덩어리-그리고 눈에 덮인 평원-대자연-대자연-대자연-사진에 못 담고-기억은 사라지고-그렇다고 매년 올 수도 없고-그래도 기억력을 믿고-사진을 아껴야 할 것.

8월 6일 금요일

2시 반경 선교에서 빙해항해사와 이런저런 이야기를 했다.

먼저, 1905년 러일전쟁에서 일본군에게 항복을 거부하고 인천 앞바다에서 자침自沈한 러시아 군함 바리야그Varyag함이 있다는, 처음 듣는 이야기였다. 대한해협과 울릉도 부근 동해에서는 수십 척이 격침되었다는 것은 알았지만 인천 이야기는 처음이었다. 지금도 상트페테르부르크 광장에는 두 수병이 킹스톤 밸브, 곧 배를 가라앉히고자 배로 물이 들어오게 하는 밸브를 여는 동상이 있어 그들의 영웅 같은 행동을 보여준다고 한다. 그 배는 훗날 일본이 인양했으며, 러시아정부가 큰 액수의 돈을 지불하고 가져갔다고 한다. 전사한 자국의 군인들의 시신을 외국에 둘 수 없기 때문일 것이다.

또 1945년부터 1950년, 1952년까지 2차 세계대전에서 붙잡힌 독일군 포로들이 상트페테르부르크 재건 작업에 동원되었고, 많은 포로들이 죽었다고 한다. 맞는 이야기일 것이다. 몇 년 전 우리나라에서 상영되었던 영화 「피아니스트」를 본 적이 있는 사람은 이런 사실을 잘 알 것이다. 그래도 살아남은 포로들은 한 20년 전부터 가족을 만날 수 있었다니 소련이 무너지고 러시아가 생긴 이후로 생각된다. 반면 빙해항해사는 일본군 포로들에 관한 이야기는 들은 적도 없고 아는 것도 없어 시베리아 건설에 동원되었으리라 추정했다. 또 2차 세계대전 때, 소련과 일본은 전쟁을 하지 않기로 약속했으나 지키지 않았다.

루마니아는 2차 세계대전 때 그들이 원해서 소련의 식민지가 되었다고 한다. 그러나 지금은 아니라고 말한다. 또 수많은 루마니아군이 히틀러의 명령으로 소련군을 죽였으나 지금은 그 사실을 부인한다. 한편 일본은 러일전쟁에 이겨 러시아한테서 쿠릴 열도를 뺏었다가 2차 세계대전에서 지는 바람에 빼앗겼다. 그러나 지금 일본은 다른 주장을 한단다.

지금까지 이야기한 것 중에 러일전쟁을 뺀 모든 일의 장본인은 스탈린이라 생각한다. 그는 레닌이 1924년 죽으면서 권력을 잡은 뒤 엄청난 수의 사람을 죽였다. 실제 그는 히틀러보다 훨씬 많은 사람을 죽인 것으로 알려졌다. 예를 들면, 그는 1920년대 말과 1930년대 초에 걸쳐 국민들이 반발하지 못하게 하면서, 3,000만 명~6,000만 명을 죽였다는 것을 어디에선가 읽었던 기억이 있다. 다만 소련이 연합국의 일원이었고 자기네 국내의 일이라 연합국 측에서 말을 하지 않았을 뿐, 그는 희대의 살인마요, 인간 백정이었다. 실제로 그는 성격이 잔인해서 자신의 친구들이자 부하인 100명이 조금 넘는 정치국원의 3분의 1가량을 무참하게 죽였다. 유명한 고전영화 「의사 지바고」는 1920년

얼음팀이 선교에 설치한 카메라.

대부터 1930년대의 이야기이다. 죄 없는 사람들이 이름 아닌 번호로 불리면서 강제 노동을 하다가 죽어간 사람이 얼마나 되는지 부정확한 기록마저 없다. 그게 '노동자와 농민의 천국'인 소련의 실상이다. 러시아는 우리가 몰라서 그렇지 찬란한 역사와 예술을 가진 대단한 나라인데, 20세기 들어 공산혁명이 일어나면서 완전히 가라앉았다.

스탈린은 소수민족이 모여서 살면 자국에 대한 반항을 모의한다며 사는 곳을 강제로 바꾸었다. 예컨대, 1937년 우리 민족은 한반도 가까운 곳에서 중앙아시아로 한겨울에 화차로 실려가 수천 명이 죽었고, 이중 살아남은 사람들이 고려인으로, 중앙아시아에서 살아가고 있다는 것은 누구나 알고 있는 사실이다. 그래서 한국일보사가 한민족 강제이주 60주년 행사의 일환으로 우리 민족이 당했던 서러움을 알리고자 1997년 연해주에서 중앙아시아까지 찾아 나섰던 기사를 읽어본 사람도 있을 것이라 생각한다.

　　6.25사변 역시 모택동의 협조와 스탈린의 허락으로 김일성이 일으켰다는 것은 이미 밝혀진 사실이다. 스탈린은 미국이 1950년 대 초, 북대서양동맹조약NATO을 만들자 미국의 관심을 돌리려고 모택동과 김일성의 반대에도 6.25사변을 끝내지 않으려고 했다. 그러나 그가 1953년 3월에 죽으면서 그해 7월 27일 휴전이 성립되었다. 만약 그렇지 않았다면 6.25사변은 훨씬 뒤에 끝났을 테고 그만큼 우리 민족의 고통은 더욱 커졌을 것이다. 이런 슬픈 역사와 국제 역학관계에 관한 좀 더 깊은 이야기를 하고 싶었지만 그가 러시아 사람이라 입을 다물었다.

얼어붙은 눈 표면에 찬란하게 비친 태양.
ⓒ 극지연구소

쇄빙 시험으로 깨진 해빙 조각들.

⚓ 8월 6일 오후 2시 반경, 처음 만난 개수면.

　　남쪽으로 가던 쇄빙선은 오후 2시 반경 물을 만났다. 얼음이 얇아
지고 약해지더니 드디어 개수면이 생겼으나 곧 얼음 바다가 보였고 다
시 개수면이 보였다. 3시 반경 목표지점에 온 연구원들은 전처럼 갑자
기 바빠지기 시작했다. 8시 가까이 되었을 때 다음 조사지점으로 배를
움직였다. 가는 길이 평탄치 않아 배가 쿵쿵거리고 흔들렸지만 우리의
쇄빙선은 그래도 잘 달렸다.

8월 7일 토요일

오늘 아침처럼 이렇게 하늘이 화창한 날은 북극으로 온 이후 처음 인 것 같다. 북동쪽 빙평선 위에만 낮은 구름이 길게 펼쳐져 있을 뿐, 다른 하늘은 그야말로 쾌청했다. 게다가 바람마저 불지 않고 6시 반경 기온은 1.8℃로 아주 상쾌했다. 그러나 선교에서 일하던 러시아 빙해 선장은 날씨가 쉬이 바뀔 수 있다는 것을 잘 아는 듯, "날씨가 이렇게 계속 좋았으면 좋겠다"고 말했다.

밤새 흔들리고 쿵쿵거리고 덜컹거리던 쇄빙선은 새벽 6시 반이 가 까워서야 조금 덜 흔들렸다. 8시에 목적지에 도착한 연구원들은 수심 1,900m까지 내린 채수기로 채수한 다음 그물을 내려 플랑크톤을 채집 하느라 분주했다. 태양이 찬란히 빛나는 날 아침이라 일하는 것도 기 분이 좋았다.

7시 반경 선수갑판이 하얀 것을 보고 처음에는 눈이라 생각했는데 자세히 들여다보고는 생각을 바꾸었다. 눈결정이 아닌 얼음결정으로 보였기 때문이다. 눈결정은 기본이 육각형인데 하얀 바늘 같기 때문이다. 길이는 6~7mm를 넘어 15mm가 되는 것도 있었으며, 굵기도 몇 개가 길이로 겹쳐졌지만 1mm 정도 되었다. 끝이 뾰족하고 바닥이나 쇠 난간에 수직으로 서 있는 게 많고 뾰족뾰족하게 돋아 있었다. 눈으로 결정되지 못하고 혼자서 또는 금속의 표면에서 결정된 것이다. 그렇다면 눈이 아닌 얼음결정이다. 얼음결정은 땅에서 서릿발이 돋듯이 주로 갑판 바닥이나 난간 표면에 돋아났다. 아름다운 그 모습을 포착하려고 몇 차례나 카메라 셔터를 눌러댔지만 방에 들어와서 확인해보니 쓸 만한 사진이 절반도 되지 않았다. 얼음결정은 기온이 올라가면서 녹아 사라졌으니 내일 아침을 기다려봐야겠다.

자장면으로 점심을 먹고 헬리콥터 격납고 문에 기대어 앉아 있다가 나도 모르게 잠이 들었는데 2시 20분경에 눈이 떠졌다. 태양빛은 따뜻했고 바람이 없어 아주 편안한 토요일 오후였다. 아침보다는 구름이

⚓ 선수 갑판 난간에 생긴 얼음결정.

많아졌어도 아직은 파란 하늘 면적이 더 넓다.

구름이 생겼지만-태양은 여전히 떠 있고-바람도 없고-배는 순조로이 잘 나가고-허연 해빙은 문제가 아니고-구름이 떠 있고-해면에 비친 태양이 반짝거리고-배에 떠밀린 해빙 조각은 흔들거리고-물도 출렁거리고-바닷물은 반짝거리고-동물이 보이지 않는 게 섭섭하고-수면이 어는 곳은 반짝거리지 않고 부옇게 보여-마치 무엇을 뿌려놓은 것처럼 보이며-설면도 수면만큼 반짝거리지 않고(설면은 가까이 가면 점점이 반짝거리고 수면처럼 넓은 면이 반짝거리지 않아)-수면은 가운데가 아주 심하게 반짝거리고 양쪽으로 나가면서 반짝거리는 정도가 작아져-반짝거리는 개수와 크기가 작아져-수면에서도 태양 직하는 반짝거리는 정도가 너무 심해 색안경을 쓰지 않고는 볼 수 없을 것-얼음덩어리는 검은 섬이나 절벽처럼 보여-따뜻한 햇살-이런 때는 즐거움-기쁨-안온함-배를 탄 보람-얼음 구멍 아래로 보이는 시퍼런 얼음과 더 깊은 구멍-이마가 따가울 정도의 햇볕-이런 일은 흔하지 않아.

저녁 메뉴로 나온 삼겹살을 구우며 소주를 마시다가, "아픈 이 뽑으면" 되고 "이 별것 없어"라는 말에 정신이 번쩍 들었다. 이 아파본 적이 없는 사람들은 그렇게 생각하겠지만, 아픈 이를 참는 것은 아주 괴로운 일이다. 실제 지금 나도 그렇지만, 옛날 세종 기지에서 이가 아팠던 사람은 거의 울 지경이 되었던 것을 본 기억이 있다(이가 아프지 않은 사람은 아주 행복한 사람들이다).

10일 오전 10시에 조사 작업을 끝낸 다음 놈을 향해서 연구 지역을 떠나고 11일 저녁 이별 파티를 한다는 말이 나오자, "세탁기 앞에 줄을

설 것"이라는 말이 잇달았다. 일리 있는 말이다. 다음 주는 떠날 준비를 하는 주간이다. 그러므로 세탁을 하는 사람들이 많아질 것이다. 그래도 떠나는 사람들은 드디어 다음 주 토요일이면 땅에서 저녁을 먹을 수 있을 것이다.

7시경 목적지에 도착하니 얼음이 상당히 많았다. 그래도 대부분이 얇고 약하고 부스러지고 녹고 있는 얼음들이었다.

바다에 비치는 태양-그 반짝거림-호화로움-그 아름다움을 잡을 길 없어-그 찬란함-그 밝음- 잡을 방법 없어.

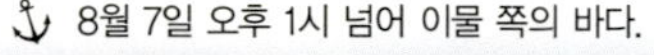
⚓ 8월 7일 오후 1시 넘어 이물 쪽의 바다.

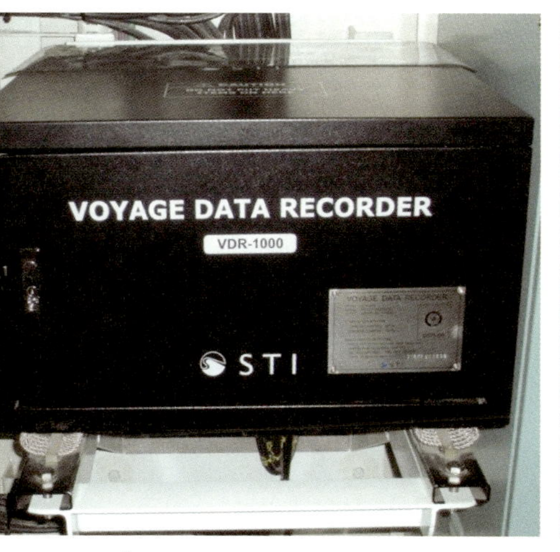

배의 블랙박스인 항해자료기록기.

배의 굴뚝에는 극지연구소(KOPRI) 표시가 뚜렷하다.

바다에 비친 태양이 하도 찬란해 몇 장이나 찍었지만 방에 들어와 들여다보니 마음에 드는 게 몇 장밖에 없었다. 한편, 날개 윗부분이 옅은 갈색인 갈매기 1마리가 날아가 드디어 새가 있다는 신호를 보냈다.

이야기를 하다 보니 빙해항해사가 옛날 남극에서 교통사고로 세상을 떠난 러시아 36차 남극탐험단(1991년 2월~1992년 1월) 벨링스하우젠 기지의 대장과 친구였다는 것을 알게 되었다. 블라디미르 스테파노프 Vladimir K. Stepanov, 그는 1992년 1월 중순, 귀국을 며칠 앞두고 기지에서 차량 사고로 목숨을 잃었다. 가해자는 동료이자 친구인 우루과이 아르티가스 기지의 대장이었다. 후진하라는 그의 지시를 받은 우루과이 기지대장이 핸들 조작을 착각해 전진하는 바람에 그는 건물과 차량 사이에서 순식간에 비참한 죽음을 맞았다. 사안의 중대성을 간파한 우루과이 정부는 다음 날 즉시 공군기를 보내 유해를 운구했고, 유가족에게 보상했다고 한다. 그러나 그 액수가 너무 적어 모두들 놀랐는데 차마

액수를 말하기 창피할 정도였다. 보상금을 거절했던 당시 18세였던 그의 딸은 지금은 여행사를 운영하고 있다고 한다. 우리 셋은 1991년 초 킹조지 섬에서 만나 가까운 친구가 되었는데, 그렇게 헤어졌다. 한편 우루과이 기지대장은 처벌을 받았다가 복권되었고, 재혼도 했다는 말을 몇 년 전 한 우루과이 사람을 통해 들을 수 있었다.

8월 8일 일요일

배는 6시가 조금 넘어 북위 75°15′, 서경 164°23′에 있었다. 눈은 하얗지만 해빙은 많이 녹고 갈라지고 운명이 거의 다한 것처럼 보였다. 위도 2° 정도를 남쪽으로 내려왔다고 태양은 떠 있는 게 아니라 뜨는 기분이 들었다. 밤과 낮이 있는 세계로 내려왔기 때문일까?

지난 5일, 얼음을 정찰하러 나갔던 해양대학교 최경식 교수팀이 발견한 북극곰이 지금까지 북극 조사에서 발견된 단 1마리의 북극곰이 되었다. 그 곰은 몸집이 그다지 커 보이지 않았는데, 헬리콥터를 보고 달아났는지 뒷모습을 주로 보여주었다. 그래도 냄새를 맡고 헤엄치는 모습과 발자국은 항해기에 꼭 넣고 싶은 좋은 사진들이다. 1마리의 곰이 수많은 발자국을 만들기 때문에 최 교수의 말대로 곰을 찾으려면 발자국을 먼저 찾아야 한다. 옳은 이야기이다. 인터넷에 검색해보면 북극곰의 사진이 많겠지만 느낌이 다르고 덜할 것이다. 마치 월드컵을

⚓ 8월 5일 헬리콥터를 탄 사람의 눈에 띈 북극곰. ⓒ한국해양대학교 최경식 교수

⚓ 배의 앞갑판에 있는 거대한 닻.

경기장에서 직접 보는 것과 신문에서 사진을 통해 보는 것의 차이와 같을 것이다. 그런 점에서 무엇이든 현장이 중요하고 현장 부근이 중요하다.

얼음이 많이 사라지고 약해져도 가끔 강한 얼음이 떠 있는지, 배는 오후 6시 22분이 되어 뒤로 물러나기도 하면서 살살 지나갔지만 8시 5분경에는 또 한 차례 크게 흔들렸다. 배가 뒤로 물러나도 살살 가도 크게 흔들려도 이제 얼음은 다 지나갔다. 얼음이 배에 부딪쳐 부서지기도 하고 물 아래에 있던 얼음이 충격으로 떠오르기도 하면서 부스러졌다. 그 장면을 보면서 얼음전문가가 우리 연구소 연구원을 상대로 얼음에 관한 강의를 할 필요가 있다는 기분이 들었다. 남북극에 따르는 얼음의 특징과 차이 그리고 얼음의 물리-화학 특성과 얼음과 관계 있는 생물들도 좋은 재료가 된다. 극지연구소 연구원이 극지를 알아야 하듯이 얼음을 알면 극지를 이해하고 연구하는 데 많은 도움이 될 것이다. 설혹 당장은 그렇지 않더라도 언젠가는 도움이 되고 밑바탕이 될 것이다. 이것은 우리나라 사람이 한민족의 역사를 아는 것과 비슷하다. 문제는 얼음 전체를 어떻게 잘 전달하느냐이다.

12시 반경 다음 조사지점인 북위 74°30′, 서경 166°15′으로 떠난 배는, 군데군데 있는 얼음 띠 때문에 오후 내내 힘겹게, 때로는 쉬면서 내려갔다. 시료 채집시간이 조금씩 단축된 것이 쌓여 시간이 생겨 연구원들은 2개 지점을 더 조사하기로 했다고 한다. 힘은 들어도 쉽게 올 수 없는 곳에 왔으니 시간을 버릴 필요가 없다.

8월 9일 월요일

　6시 10분, 갑자기 화재경보가 울렸다. 최종범 일등항해사의 말로는, 화장실 문을 열어놓고 뜨거운 물로 샤워를 하다가 센서가 화재로 감지했다고 한다. 감지기의 감지 능력이 아주 우수하다고 생각했다.

　6시 반경, 기온은 -1.0℃였지만 지난밤에 날린 눈이 갑판에 약간 쌓여 있었다. 그런데 지난주에 생겼던 고드름의 양상과 아주 비슷했다. 3층 좌현 갑판부터 4층과 선교의 우현과 좌현 갑판에 쌓여 있었고, 3층 우현과 2층 갑판에는 쌓이지 않았다. 모든 갑판에 쌓이기에는 냉기가 충분하지 못했던 것 같다. 기온이 훨씬 낮았다면 다 쌓였을 테니 말이다.

　점심을 먹기 전, 항해기를 위한 의견을 받는 게시문과 함께 항해기의 일부를 2회의실 컴퓨터 공유문서에 올려놓았다. 처음에 게시했던 내용이 마음에 들지 않아 2번씩이나 수정했다. 좋은 의견들이 나왔으

⚓ 러시아 빙해항해사는
젊은 연구원들에게
해빙의 분포를 그리는 방법을
가르쳐주었다.

⚓ 바닷물이 얼어서 생긴
얼음결정. 마치 꽃처럼
보여 얼음꽃이라고
부르기도 한다.

면 좋겠다.

오후 1시가 지나 선교에 올라가니 러시아 빙해항해사가 얼음팀의 연구원들에게 해빙의 분포를 그리는 법을 가르쳐주고 있었다. 해빙분포도를 잘 그리려면 해빙의 두께와 나이 그리고 분포와 위치를 파악하는 데 오랜 경험이 있어야 한다. 이론을 배웠다 하더라도 실습하기가 아주 어렵기 때문이다. 요즘에는 너도나도 시도하는 시뮬레이션이 유효할 것 같아 보이겠지만 그것도 얼음분포에 관한 기본 자료가 축적되어야 가능한 일이다. 그런 점에서 우리나라 극지 항해는 아직도 갈 길이 멀다. 러시아 빙해항해사는 언젠가 이야기했던 것처럼 자기네 연구소에 70년간의 자료와 경험이 있다고 말하지 않던가.

6시 반경, 갑판에 서 있는데 바람이 유독 세게 부는 것 같았다. 선교에 올라가 알아보니 시속 25노트의 북동풍이라고 한다. 시속이 그 정도면 초속은 13m 정도이다. 바람이 센 데다가 바다에는 얼음마저 많지 않아 흰 파도가 일 정도로 파도가 꽤 높았다.

7시 가까이 되어 마지막 조사지점의 조사가 끝났다. 갑판원들은 큰 장비를 제자리에 돌려놓고 사소한 것들을 정리하면서 작업을 끝마쳤다. 다행히 7시 10분쯤 밖에 나갔을 때 갑판원들이 마지막 정리를 하고 청소하는 장면을 몇 장면 카메라에 담을 수 있었다.

연구원들도 연구 재료와 기기를 정리하기 시작했으니 곧 짐을 꾸릴 것이다. 지난 토요일 저녁만 해도 원래는 10일 오전 10시에 조사를 끝낼 예정이었는데, 예정보다 15시간이나 일찍 끝냈으니 아주 빨리 끝낸 것이다. 빠뜨린 것이 없다면 아주 잘한 일이다.

쇄빙선이 이달 25일 부산에 입항하고 10월 10일 남극으로 갔다가 피지제도, 곧 한국해양연구원이 하는 조사를 하지 않으면 4월 초에 인천으로 입항하고, 그 조사를 하면 5월 21일 입항한다는 공지사항이 게시판에 붙었다. 아무래도 나중 계획이 이뤄질 확률이 높으니 7개월 하고도 10일 만에 우리나라로 돌아오는 긴 항해이다. 항해하면서 중간중간 도시나 세종 기지에 기항하겠지만, 바다 위에서 생활하는 것은 이곳과는 상황이 크게 달라 파도로 많이 흔들리고 고생할 것이다.

한편, 해양조사원 박조현 주무관이 3년 만에 우리나라를 찾아온 태풍이 곧 부산을 때릴 것이라는 소식과 경상남도 지사가 총리 후보가 되었다는 소식을 잠시 연결된 인터넷으로 알아내었다. 이제야말로 정말 바빠지고 사바세계로 들어가는 걸까?

잔뜩 흐린 날씨에 파고는 3~4m로 높았고, 배는 좌우로 흔들렸으나 돌아가는 길이라 부담이 되지는 않았다. 얼음은 이제 시야에서 완전히 사라졌다. 가끔씩 배가 좌우로 흔들려 냉장고의 맥주가 굴러다니면서 부딪쳤다. 한편 남쪽으로 오면서 인터넷이 느리게나마 연결되었지만 제대로 연결되려면 아직 시간이 한참은 더 걸릴 것 같다.

배에서 내릴 시간이 가까워 오면서 게시물이 많아져, 생존장비 가방 반환에, 이별 파티에, 무전기 반납에, 선적물품목록 작성도 게시되었다. 한편 배는 놈 도착 예정시간에 맞추느라 빨리 가는 게 아니라 돌아가고 천천히 가면서 더 흔들렸다. 배란 어느 정도의 속력을 내어야 덜 흔들리는데 그렇지 못하기 때문이다. 일을 빨리 끝냈으니 빨리 가면 될 것 같은데, 그렇게 하지 못하는 이유가 있나 보다. 한편 13일에는 이 지역의 이른바 VIP 손님 20명 정도를 배로 초대한다고 한다.

저녁 7시부터는 연구소 공무감독인 김춘식 씨가 사진에 관한 이야기를 했다. 김 감독은 1990년대 초부터 사진에 관심을 갖고 찍기 시작했는데 이제는 아마추어라는 수식어가 무색할

8월 10일, 놈으로 돌아가는 길에 파도가 상당히 심했다. 파도의 붉은빛은 선복에서 반사된 빛.

만큼 기술이 늘어 일명 사진도사로 불렸다. 그는 주로 우리가 사진 찍을 때 범하기 쉬운 잘못을 이야기해주었다. 예를 들어, 탑 근처에서 사진을 찍을 때는 사진 찍을 대상을 가운데에 두지 말고 탑에서 멀리 떨어져야 사람도 탑도 크게 나온다는 이야기나 수평선이나 나무 같은 것을 사람과 잘못 구성해 사진을 망쳐서는 안 된다는 말은 평소 잘 알고 있으면서도 종종 잊게 되는 것들이라 새겨들었다.

우리가 타고 있는 배는 선원과 승객들이 선상에 한가롭게 앉아 있을 수 있는 배가 아니기 때문에 실내가 아니면 마땅히 앉을 자리가 없다. 그렇다 해도 가끔은 배 위로 사람이 앉을 수도 있는 일인데 정말로 앉을 만한 곳이 한 곳도 없을뿐더러 아예 그럴 생각조차 하지 않는 것 같았다. 오죽하면 누군가가 1층 좌현 난간에 2인용 의자의 좌석을 노끈으로 엮어놓아 앉을 만한 자리를 만들었겠는가? 그 사람도 나와 비

숫한 생각을 한 모양이다. 그 불법 구조물(?)은 불법 가설물(?)이고 불법 시설(?)이라 배를 수리하거나 정리하면서 철거될 수도 있겠지만 또 생길 수도 있다.

오전에는 배가 상당히 흔들렸으나 점점 나아지는 것 같아 안심이 되었다.

8월 11일 수요일

눈을 뜨니 바깥이 부옇고 어두워 오랜만에 불을 켜고 시계를 보니 일어나기에는 너무 이른 새벽 3시 15분이었다. 새벽 4시 50분이 지났지만 더 어두워진 것 같았다. 새벽이 아닌 한밤중 같았다. 드디어 밤이 있는 세계로 들어왔다! 6시 반이 되어 희끄무레 밝아졌어도 여전히 어두웠다. 기온은 6.1℃에 가랑비가 내렸고 흰 물결이 거의 보이지 않는 게 어제보다 파도가 낮아졌다.

배는 북위 68°31′, 서경 171°43′에 있어, 북위 66.5°까지는 130해리 정도 남았으니 현재 속도대로 가면 12시간 정도 걸릴 테고, 그때쯤이면 저녁 환송 파티를 할 시간이다. 한편 인터넷이 아주 느리게 연결되어 누군가가 복도 게시판에 "인터넷을 안 쓸 때는 꺼달라", "양심에 호소한다"는 글을 남겼다. 얼마나 화가 나고 분통이 터졌으면 저런 글을 남겼을까?

이별 파티에 차려진 음식의 일부.

남쪽으로 내려오면서 아델리펭귄과 닮아 아델리새라고 이름 붙여진, 등이 검고 배가 희고 통통한 낯익은 새가 보이기 시작했다. 또 물 위를 뛰어가며 몸 전체가 검은색에 부리가 주황색인 새도 보였다. 이 새가 혹시 퍼핀의 일종인지 궁금했다. 드디어 세가락갈매기가 보였다. 한편 4시 반이 넘어서는 8.5°C가 되었는데, 남쪽으로 내려가면서 기온이 점점 높아졌다.

방한복처럼 부피도 크고 썩지 않을 것들과 놈의 모래와 지질조사용 망치처럼 무거운 것들로 작은 상자 2개 분량의 짐을 쌌다. 연구 재료를 옮기는 편에 보냈다가 며칠 후에 찾아도 크게 상할 게 없다.

저녁에는 배를 탄 이래 이렇게 많은 음식을 본 적이 없을 정도로 갖가지 이별 파티 음식이 준비되어 있었다. 눈에 띄는 것으로는, 생선초밥, 유부초밥, 해삼 요리, 장어, 육회, 칠면조 고기, 연어를 비롯한 각종 생선회, 김밥, 새우 요리, 장터국수, 그리고 포도나 수박 같은 과일에 송편을 비롯한 떡도 몇 가지나 있었다. 삼각김밥 4개를 붙이고 가운데 작은 네모난 김밥을 넣은 커다란 네모 김밥도 있었다. 둥근 김밥은 많이 봤지만 이런 김밥은 처음 보았다. 어느 음식부터 집어야 할지 몰라 좋아하는 것 몇 가지만 쟁반에 담아 왔다. 외국 사람들은 음식 종류가 하도 많아 눈이 휘둥그레졌을 것이다.

포도주로 시작한 술은 산사춘, 맥주, 소주도 모자라 나중에는 정경호 박사 선실에서 위스키까지 마셔 오랜만에 거나하게 취했다. 그러면서도 다른 사람들이 하는 이야기를 받아 적었는데, 취중에 받아 쓴 것이라 읽기 힘든 글을 몇 줄 읽으니 이런저런 이야기가 많았다. 그중 하나는 20개가 넘는 생존장비 가방에서 스위스 육군 칼이 없어졌는데, 배에서는 가방을 뜯으면 뜯은 표가 나도록 진공 포장을 생각한다는 것이었다. 들기로는, 그 칼은 용도가 아주 많아 대단히 비싸다고 한다. 또 "아는 만큼만 보여-올해는 첫해-시행착오!", "북위 84~85도, 선장"이라는 글도 있었다. 아마 선장이 그 정도를 올라갈 수 있다고 말했던 것으로 생각된다.

⚓ 8월 11일 오후, 그물을 정리하는 생물학자.

8월 12일 목요일

아직도 캄캄한 새벽 6시 반, 배는 베링 해협 사이의 디오메드^{Diomede} 섬을 지나갔다. 5시까지만 해도 섬 2개가 아주 뚜렷하게 보였다는데 지금은 1개로 보였다. 자세히 보면 앞의 작은 디오메드와 뒤의 큰 디오메드를 구분할 수 있지만, 섬 2개가 2개로 보이지 않고 하나로 보여, 좋은 장면을 놓쳤다. 또 안개마저 낮게 드리워져 있어 섬의 전체 모습을 볼 수 없었다. 그래도 오른쪽의 큰 디오메드 섬 뒤로 희미하게 보이는 아시아대륙을 알아볼 수 있어 다행이었다. 반면 배의 왼쪽, 곧 북아메리카대륙 쪽으로는 안개가 너무 심해 땅을 전혀 알아볼 수 없었다.

디오메드 섬은 겉으로 보기에는 아주 황량했다. 바다로 들어오는 급경사의 회색 바위 능선은 아주 촘촘했으며, 능선 사이의 골짜기를 초록색 관목들이 채우고 있었다. 골짜기로 물이 흐르면서 풍화되어 흙이 있어 식물이 뿌리를 내렸다. 겉으로 보기에 바위는 아주 오래되었으며, 해안의 경사는 50~60°의 급경사였다. 지형과 바위는 한마디로 아주 오래되어 바래고 낡아 보였으며, 마치 투박하고 두꺼운 회색 천막처럼 보였다. 배를 대고 사람이 올라갈 만한 곳은 보이지 않았지만 지도에는 디오메드 마을이 표시되어 있고 헬리콥터 대리점이 있는 것으로 보아 사람이 살고 있는 게 분명했다. 손님이 없어 헬리콥터 대리점이 대단한 게 아니어서 따로 번듯한 사무실도 없이 가정집에 전화만 있으면 된다. 그래도 다른 곳과 달리 사무실 전화가 따로 있는 것으로 보아 다른 동네의 대리점보다 나은 것 같았다. 또 꼭대기에는 일명 '양철 도시', 곧 레이더 기지도 있어 미국과 러시아가 친구가 아님을 보여주었다. 한편 디오메드 다음으로 만난, 높이 163m의 패어웨이^{Fairway} 바위는 디오메드보다 작을 뿐이지 지질과 지면과 식생은 디오메드와 아주 비슷했다.

놀라운 것은 이 부근을 항해하는 배를 발견한 일이었다. 한국해양대학교 최 교수가 망원렌즈로 찍은 하얀색의 배는 나중에 미국 배 '패어웨더^{Fairweather} 호'로 밝혀졌다(해운사회에는 '자동인식시스템'이라는 제도가 있어 등록한 배는 서로 상대방의 위치를 알 수 있는 시스템이 있다고 한다). 미국과 러시아의 국경인만큼 가끔 순찰하는 배가 있다고 한다. 러시아도 순찰하겠지만 미국 배가 먼저 눈에 띄었다.

해협을 거의 지났을 무렵, 높이 365m인 킹^{King} 섬의 지형과 바위가 디오메드 섬과 아주 비슷해 이 동네의 지질과 지형과 날씨와 식생은 같다는 것을 알 수 있었다. 구름에 가려져 높은 곳이 보이지 않는 킹 섬은 섬 자체가 조금 커서인지 바위 능선 사이로 숲이 약간 우거진 곳이 보였는데 어쩐지 그곳은 배를 댈 수 있을 것으로 보였다. 그래도 섬

⚓ 왼쪽 가까운 곳의 큰 디오메드 섬 뒤로 오른쪽으로 길게 보이는 파르스름한 아시아대륙.

⚓ 베링 해협 가운데에 있는 디오메드 섬. 오른쪽이 러시아 땅인 큰 디오메드 섬이고
왼쪽이 미국 땅인 작은 디오메드 섬이다. ⓒ 한국해양대학교 최경식 교수

⚓ 황혼에 살짝 모습을 드러낸 킹 섬. ⓒ 한국해양대학교 최경식 교수

주위는 경사 50~60°의 급경사여서, 인간의 접근을 완강히 막고 있었고, 헬리콥터 대리인도 없어 사람이 살지 않는 것 같았다. 그러나 어두워지기 시작했을 때, 최 교수가 찍은 황혼에 주황색으로 물든 사진을 보면 섬은 가운데가 나지막한 안장 모양이며, 군사시설로 보이는 작지 않은 구조물들도 보였다.

인터넷은 여전히 연결되지 않으면서 "인터넷에 연결되어 있는 것으로 보이지만 인터넷에 다시 연결하고 싶어 할 수도 있습니다"라는 어색한 한글 문장이 나타났다(마이크로소프트사에 근무하는 한국인 3세가 썼나?). 간신히 연결된 인터넷으로 확인해보니 연구소 메일로 온 메일이 299통이고 스팸메일이 421통으로, '절대다수의 악화가 양화를 구축한다' 는 경제 원리가 인터넷에서도 통한다는 생각이 들었다.

한승필 씨가 찍어서 넘겨준 사진들을 보니 역시 사진 교육을 제대로 받은 사람은 다르다. 사진이 선명한 거야 사진기가 비싸기 때문이라 칠 수 있지만, 아름다운 순간을 잡은 것은 역시 그가 제대로 된 교육을 받았기 때문일 것이다. 정말이지 그는 아름다운 순간을 잘도 잡는다. 그도 지난 5일 헬리콥터를 타고 나갔다가 북극곰을 보았다는데, 최 교수가 본 것과 같은 놈일까?

저녁 7시부터 2회의실에서 '남극 세종 기지의 겨울' 이야기를 했다. 세종 기지 주변의 겨울 모습과 월동 생활을 나름대로 정리하여 알려주었고, 월동에는 괴로움보다는 유리한 점이 많고 기쁨이 훨씬 크고 몸이 더 건강해진다는 것을 강조했다.

8월 13일 금요일

새벽 6시 15분, 캄캄한 어둠을 뚫고 배는 놈 앞바다로 천천히 들어가 8시 반경 도선사와 만나기로 약속한 곳에 멈추었다. 멀리 어둠 속의 놈 시내가 보이며 왼쪽 산 중턱에서 상당한 거리를 두고 비스듬하게 빨간 불들이 교대로 켜지는 것을 이번에 처음 보았다. 군사시설인가? 한편 놈 시내에는 지난번에는 보지 못했던 하얀 건물들이 눈에 띄었다. 그 사이에 새로 칠한 것인지 궁금했다.

배에서 먼저 내리기로 한 4인승 헬리콥터는 9시가 넘어 배에서 이륙했다. 정비사는 헬리콥터가 착륙하는 놈 공항에서 이것저것 도와야 했기 때문에 먼저 내렸다. 아프가니스탄에서도 헬리콥터를 조종했다는 4인승 헬리콥터 조종사 마르티 스토버 씨는 2년 계약으로 온두라스로 떠난다고 한다. 이달 말까지 패어뱅크스의 집을 비워줘야 한다며 상당히 바쁜 표정을 지었던 그는 미 육군 헬리콥터 조종사로 전역했으며, 지금도 군에 관련된 일을 하고 있다고 했다. 젊은 헬리콥터 조종사들은 비행시간이 모자라 자기 같은 제대 군인들이 필요하단다. 그는 아프가니스탄에서도 일했고, 이집트로 갈 수 있는 기회도 있었지만 온두라스를 택했다. 그기 하는 일은 좀 어렵지만 보수는 괜찮다고 말하는 것으로 보아, 그는 자신의 일에 꽤 만족하고 즐기는 사람처럼 보였다. 한편 6인승 헬리콥터 조종사인 하워드 리드 씨는 자신이 남아서 오늘과 내일 일을 더 하는 것에 만족해했다.

11시가 조금 넘어 얼음을 연구하는 몇 사람이 배를 떠났고, 헬리콥터는 해산물과 양배추 같은 식품을 잔뜩 싣고 돌아왔다. 신선한 식품은 항상 필요하다! 이어서 한국해양대학교 최경식 교수와 해양시스템안전연구소의 이춘주 박사와 인하공업전문대학의 김현수 교수를 비롯한 몇 사람이 배를 떠났다. 최 교수는 15일 인천공항에 닿고, 이 교수를 포함한 다른 사람들은 17일에 도착한다니 시간이 빠르기는 빠르다. 배도 25일이면 부산에 도착한다고 한다.

12시가 다 되어 이열 목사 부부를 비롯한 몇 사람이 먼저 배에 도착했으며, 모두 20명의 손님이 배를 찾았다. 우리나라 사람들도 있었지만 주로 백인들이었으며, 제복을 입은 아주 뚱뚱하고 가무잡잡한 이누이트와 날씬한 백인

놈에서 선교하는 이열 목사 부부와 정경호 수석과학자.

⚓ 13일 오후, 선교에서 배에 관한 일등항해사의 설명을 듣는 손님들.

⚓ 닻을 내리고 올리는 앞갑판 아래쪽.

아가씨와 백인 소년도 각각 1명씩 있었다. 상당수의 사람들이 기독교인이었으며, 은행과 대학교에서 일하는 사람도 있었다.

손님들은 점심식사로 조기 구이, 삼색 나물, 돌김무침, 김치찌개, 빈대떡 같은 우리나라 음식을 먹었다. 그런 후 선교에 있는 여러 장비들에 대한 설명을 들었는데, 모두들 호기심 어린 눈으로 바라보며 이것저것 궁금한 것들을 묻기도 하였다. 여기 있는 사람들이 중국 쇄빙선 설룡호를 구경했는지는 모르겠으나, 그 배는 1980년대 말에 지은 구형으로, 우리 쇄빙선이 그 배보다는 훨씬 낫다. 이런 쇄빙선을 만든 우리나라가 더욱 자랑스럽고 대단하게 느껴졌다.

저녁을 먹기 직전에 이번 항해에 관한 여러 이야기가 연구원들 사이에서 있었지만 여기에 적을 만한 것이 못 된다. 대신 다른 이야기하자면, 갑판에서 선장과 승조원들 그리고 남은 연구원들과 외국 사람들이 한데 모여 기념촬영을 하고 저녁을 함께 먹었다는 점에서 바람직한 논의였다.

오전 늦게는 날이 흐리고 가늘게 비도 내렸는데, 오후에는 아주 쾌

거의 1개월 만에 다시 찾아온 놈의 모습이 약간 변한 것 같은 기분이 들었다.

⚓ 몇 사람이 먼저 떠난 후 8월 13일 저녁을 먹기 전 헬리콥터 갑판에서 기념촬영을 했다.

청한 날이 되어 선글라스를 쓰지 않고는 바다를 볼 수 없을 정도였다.
태양이 지는 모습이 하도 아름다워 늦게까지 카메라 셔터를 눌러댔다.

미끈해지고-도망가고-엎어지고-쓰러지고-
뒤집어지고-헐떡거리고-덮이고-나타나고-
들썩이고-부옇게 되고-미끄러지고-
날아가고-날려가고-뿌리고-방울지고

스크루의 강한 힘에 바닷물은 펄떡거리고-요동치고-
철썩거리고-일어나고-주저앉고-솟구치고-돌고-
뒤섞이고-튀어 오르고-나풀거리고

콸콸거리고-내려가고-올라가고-깨지고-부스러지고-
솟아오르고-변하고-넘실거리고-물보라를
일으키고-끓어오르고-따라오고-넘치고-굴러가고-
철벅거리고-잘라내고-끊기고-떨어지고-소리친다

부산으로
돌아오는 길은

PART 4

8월 14일 토요일

오늘이 배에서 내리는 날이라 그런지 토요일인데도 아주 많은 사람들이 아침식사를 하러 나왔다. 오늘만큼 많은 사람들이 아침식사를 한 적은 그렇게 많지 않을 것이다.

아침에 출발을 기다리는 한국기계연구원 정종안 선생한테서 재미있는 이야기를 들었다. 그가 7월 중순 쇄빙선을 타려고 놈에 왔다가 황금을 캐러 온 우리나라 사람을 만난 이야기였다. 그가 우연히 만났다던 사람은 이종 사장으로, 잘 아는 후배 두 사람과 함께 황금을 캐려고 준비했다고 한다. 이 사장은 앵커리지에서 운송사업을 하다가 미국 해안경비대가 민간에게 파는 작은 배를 사서 수리를 하고 있었다. 그들은 2주일 정도 지나 수리가 끝나면 제대로 황금을 캐기 시작한다니, 별일이 없다면 지금쯤 활발하게 일을 하고 있을 것이다. 같은 나라 사람으로 가족과 떨어져 고생하면서 금을 캐는 그들의 성공을 빈다. 개

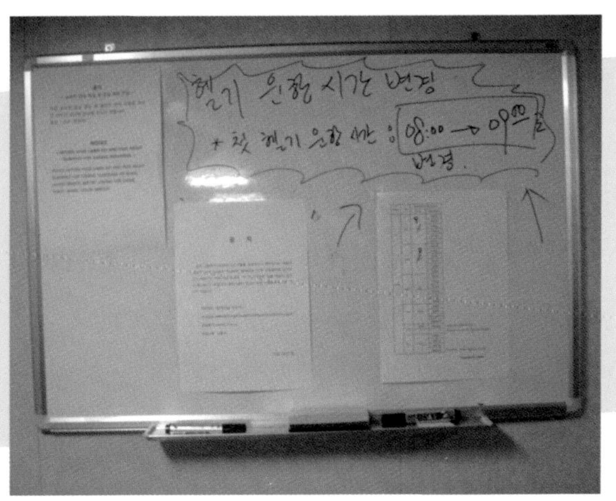

헬리콥터 운행시간이
바뀌었다는 공고.

인의 경우 여름 한 계절 동안 작은 콜라병 1개를 캐는 정도가 평균이라
는데, 우리나라 사람은 평균 이상을 하는 것이 보통이라고 한다.

출발은 9시이지만 그 전부터 헬리콥터 덱에는 많은 사람들이 모여
들었다. 보내고 헤어지고 흩어지는 것은 언제나 특별한 일이라, 알게
된 지 얼마 되지 않았어도, 꼭 또다시 만날 가능성이 높지 않아도, 또
떨어지는 시간이 그렇게 길지 않더라도 사람을 제자리에 가만히 있을
수 없게 만든다. 인사하고 악수하고 포옹하고 함께 사진을 찍고 웃고
떠들고 손을 흔들면서 그렇게 사람들은 헤어졌다. 1개월 동안 이웃 선
실에 묵었고 한 식탁에 앉아 밥을 먹었던 한국해양대학교 남청도 교
수, 김정만 교수, 국립해양조사원 박조현 주무관도 떠났고, 얼음 때문
에 알게 된 한국기계연구원 임채환 박사와 정 선생도 떠났다.

10시 35분, 헬리콥터에 마지막으로 실었던 조종사의 짐은 알루미
늄 사다리, 가스봄베(압축한 고압가스나 액화가스 등을 담는 원통형 용기), 조그
마한 상자 같은 것들로 짐이 아주 많았다. 그런데 비행 기록을 책처럼

⚓ 떠날 준비를 하는
하워드 리드 씨의
헬리콥터.
짐을 내려놓고
연료를 채우는 모습.

만든 크고 작은 2개의 알루미늄 상자에 보관하는 게 특이했다.

사람들이 일찍 떠나면서 오후 2시에 떠나려던 배는 11시 40분이 되지 않아 놈 앞바다를 떠났다. 남은 승객은 중국학자 3명, 러시아 얼음바다 전문가 2명에 필리핀 여학생 그리고 우리나라 사람 3명이었다. 필리핀 여학생은 미국 비자가 없어 우리나라까지 간다고 한다. 명랑한 성격이 어쩐지 약간 기가 죽은 것 같아 보였지만 잘 웃는 것은 평소와 다르지 않았다.

점심시간에 선원들이 연구원들이 쓰던 큰 식당을 쓰기 시작하는, 생각지 못했던 일이 생겼다. 선원과 승객이라고 해봤자 몇 사람 되지 않았고, 선원 수가 절대로 많으니 그럴 수 있다고 생각은 들었지만, 처음에는 무시당하고 점령당하는 기분이었다(올 때는 14명이어서 우리끼리 큰 식당을 따로 쓰게 했었나?). 그런 내용이라면 먼저 게시라도 해서 알렸으면 좋았을 텐데. 아니면 현재 있는 선원들이 썼던 작은 식당과 2회의실을 터서 큰 식당으로 만들고 현재 큰 식당을 회의실로 만들어도 됐을 일이다.

기관장과 함께 식사를 하자는 선장의 제안을, 러시아 사람들과 함께 먹겠다며 어렵게 거절했다. 나라도 그들과 어울려야지 누가 어울릴까 하는 생각 때문이었다. 물론 내가 어울리지 않아도 그 두 사람이 식사를 하는 데 지장은 없을 것이다. 처음에는 그러지 못했으니 갈 때라도 함께해야겠다는 생각도 들었다. 게다가 그들과 이야기를 나누면 얼음에 관한 작은 정보라도 얻을 수 있을지도 모른다.

이리로 올 때 시간이 당겨지더니, 이제는 반대가 되어 저녁 9시가 8시로 1시간 늦춰졌다. 결국 우리나라보다 17시간 늦다가 18시간 늦어져 우리나라와 6시간 차이가 나면서 서서히 우리나라 시간으로 맞춰지고 있다.

8월 15일 일요일

새벽에 운동을 하는데 손잡이를 잡아야 할 정도로 배가 몹시 흔들렸다. 파도가 높다는 베링 해에 들어섰으니 당연한 일이겠지만 너무 쉽게 항해하려는 기대심리 때문에 그렇게 느껴졌는지도 모르겠다. 배는 세인트 로렌스^{St. Lawrence} 섬의 남서쪽이자 세인트 매튜 ^{St. Matthew} 섬의 북쪽 바다를 향해 달렸다. 기온은 남쪽으로 내려오며 높아져 7시가 되지 않았는데도 9.0℃였다.

아침을 먹을 때 러시아 사람이 요구르트를 찾기에 혹시나 싶어서 조리사에게 말하자 2개를 가져다주었다. 그러고 보니 그저께 놈에서 올라온 짐 중에 요구르트가 포함되어 있었나 보다. 한편, 이메일이 그런대로 연결되어 연구소의 여러 사람들에게 안부를 전했다. 그들의 이해와 협조가 없었다면 이 배를 탈 수 없었을 것이다.

하늘이 맑아지면서 보이기 시작한 새 중에 가장 눈에 띈 것은 색깔과 크기 그리고 날개 무늬까지 남극풀마와 비슷한 북극풀마였다. 호기심이 많은 북극풀마는 배 가까이 와서 멈추더니 아닌 척 시치미를 떼고 곁눈질로 사람들을 관찰하더니 어디론가 다시 날아가 버렸다. 날갯짓을 하지 않고 공기 속을 미끄러지면서 수면에 닿을 듯이 닿지 않고 물 한 방울 묻히지 않은 채, 수면 위를 30~50cm 정도 또는 1m가량 스치면서 날아가는 풀마 새의 비행 능력이 아주 비상했다. 풀마 말고도 세가락갈매기와 몇 종의 새를 더 볼 수 있었다.

광복 65주년인 오늘은 국경일이지만 배에서는 경축식 같은 것은 하지 않고 하루를 쉰단다. 하루를 쉬는 것이야 그럴 수도 있는 일이지만 선장이 주관하여 경축식 같은 것을 해도 좋을 법한데 그러지 않는다는(이른바 관행 같다) 게 바람직해 보이지는 않았다. 웬만한 배의 선원보다 수가 훨씬 적은 세종 기지의 월동대 15명도 대장이 주도해서 기념식을 한다. 기념식은 소위 높은 사람들만 주도할 수 있는 단순한 형식이라고 무시할 수도 있겠지만 그래서는 안 된다. 인류 문명사를 보면 문명이 발달할수록 사람들이 살아가는 형식과 절차가 다채로워지고 복잡해지기 때문이다. 한편, 바다는 오후 들어서 더 거칠어지며 파고 3~4m에 하얀 파가 적지 않게 보였다.

저녁을 먹고 뒤갑판에서 배가 기울어지는 모습을 카메라에 담으려고 셔터를 수없이 눌렀지만, 나

⚓ 파도에 흔들려 기울어진 배.

중에 찍은 것들을 자세히 살펴보니 10장 중 9장이 마음에 들지 않았다. 사진틀과 수평선이 평행이 되어야 하는데 그렇지 못했기 때문이다. 마음속으로 수평을 생각해도 나도 모르게 한쪽으로 힘이 쏠려 계속해서 수평선은 비뚤어졌다.

늦은 오후가 되자 바다가 조금 고요해지며 날씨가 좋아져 베링 해에서 지는 태양을 몇 장이나 찍을 수 있었다. 그러나 고열에 녹은 아름다운 그 주황색의 황금빛 모습을 담기에는 내 실력이 모자랐다.

무리를 지어 배 옆을 나는 새들은 밤에 먹이를 찾는 것일까?

어제에 이어 오늘도 오후 9시에 1시간을 늦추었다.

8월 16일 월요일

아침 6시 50분 배는 베링 해 한가운데를 어제와 달리 흔들리지 않고 달렸다. 그러나 항로는 올 때와 달리 직선이 아니라 캄차카 반도 쪽으로 꺾였다가 다시 일본 쪽으로 꺾였다. 캄차카 반도와 베링 해 사이의 캄차카 해협을 지나 러시아 쿠릴 열도의 동쪽을 따라 내려간다. 한편 김진우 이등항해사의 말을 빌리면, 오늘 새벽 2시 47분에 경도 180°를 넘어 동반구로 들어왔다고 한다. 배를 타고 서반구에서 동반구로 들어오기는 이번이 처음이었다.

점심을 먹을 때, 러시아 배에서는 각자의 자리가 지정되어 있고, 음식을 가져다주며, 식기도 치워준다고 러시아 빙해선장이 말했다. 맞는 말이었다. 2008년 초, 러시아 배 아카데믹 페도로프^{Akademik Fedorov}호를 탔을 때 우리나라 사람 14명에게 식탁을 지정해주었던 기억이 떠올랐다. 지정된 식탁에서 우리끼리 따로 자리를 정해서 앉지는 않았다. 그

때는 가져다준 수프를 각자 먹을 만큼 덜어서 먹었고, 주식 역시 가져다주었으며, 주로 쌀죽으로 기억되는 아침은 배식했다. 한편, 이곳에서 러시아 사람들은 식사를 할 때 종종 '블랙티 black tea'를 찾았는데 그것은 기억나지 않았다.

오후 4시 반경 헬리콥터 덱에 갔다가 하늘에 있는 기다란 비행운을 보았다. 비행기는 사라졌지만 배와 거의 같은 방향으로 북동쪽에서 남서쪽으로 난 비행운의 주인공은 어디로 갔을까?

오전에는 어제보다는 새가 적어졌으며 북극 풀마와 세가락갈매기를 비롯해 몇 종은 보였지만 배가 더 남서쪽으로 가면서 새들이 보이지 않았다. 기온이 높아져 차가운 곳에서 사는 새들이 더는 오지 않는 것일까?

김 선장이 "내일은 날씨가 아주 나쁠 것"이라며 걱정했는데, 저녁을 먹고 나서 바다를 보니 정말로 파도가 거칠게 일렁였다. 내일의 시작을 알리는 것일까?

한편, 오늘 저녁 9시에도 1시간을 늦추어 우리나라와 시간 차이는 4시간으로 줄어들어, 점점 가까워지고 있다.

어제저녁 선교에서 들은 대로 오늘은 8월 17일 화요일이 아니고 8월 18일 수요일이다. 여기로 올 때 일요일이 토요일이 되어 하루를 벌었다가 지금 돌려주는 셈이 되었다. 이는 서반구에서 동반구로 오기 때문에 생긴 현상이다. 이제는 우리가 쓰는 시간이 우리나라에서 쓰는 시간보다 4시간이 빠르다. 하루가 빨리 간다는 게 나은 것이, 일주일만 있으면 부산에 도착하기 때문이다.

배는 파도에 부딪혀 쿵쿵거리며 롤링 rolling 을 하지 않는 대신 피칭 pitching 을 한다. 어제저녁 김 선장은 우리 배가 오호츠크 해에 있는 큰 저기압과 베링 해에 있는 저기압 사이에 있었고, 시간이 가면서 저기압이 베링 해로 이동하여 그 영향권을 빠져나가려고 배의 항로를 바꾸었다고 말했다. 그렇지 않으면 배가 너울을 옆으로 받아 배가 심하게 롤링을 하기 때문이다. 배의 방향을 바꾸어서인지, 배는 파도에 부딪혀 크게 흔들려도 옆으로 기울지는 않았다.

배가 앞뒤로 기울어지는 것은 창문으로 보이는 수평선이 앞뒤로 기울어지는 것으로 알 수 있다. 샤워를 할 때에도 배가 앞뒤로 기울어지는 게 보이거나 느낄 수 있다. 먼저, 미처 빠져나가지 못한 샤워장 물이 샤워장 바닥의 앞뒤로 움직인다. 또 샤워기에서 나오는 더운 물의 온도가 일정하지 않아 갑자기 미지근한 물이 나오거나 그 반대로 꽤 뜨거운 물이 나온다. 추측컨대, 뜨거운 물과 찬물 탱크가 흔들려 물이 제대로 섞이지 못하기 때문인 것 같다.

새벽에 만난 최종범 일등항해사의 말로는, 파고가 6m 정도로 낮지 않은 편이며, 배는 제 속도의 반 정도를 내며 힘겹게 나갔다고 한다. 또 놀랍게도 레이더에 파도가 잡혀 배 둘레는 노랗게 되어 있었다. 레이더에는 빙산이나 암초만 잡히는 줄 알았는데 파도도 높으면 잡힌다는 걸 처음 알았다. 그러나 알고 보면 그다지 놀랄 필요가 없는 게, 파도든 바위든 배든 레이더 전파에 걸리는 것은 다 기록되기 때문이다.

⚓ 8월 18일
10시 25분
선교에서 본
북서태평양.

바닷물로 된 파도가 배를 때리는 충격은 물이 아니라 마치 바위가 치는 것 같다. 파도에 맞은 7,500톤 강철 쇄빙선은 해빙을 깰 때처럼 울리고 떤다. 해빙은 바닷물이 언 고체이고 파도는 액체이지만 그 위력에는 큰 차이가 없다. 다만 해빙은 얼음이라 깨지면서 생긴 충격이 배를 때리지만, 파도는 그런 충격이 없다. 그러므로 파도에 배가 울리고 떠는 시간이 아주 짧으며, 해빙은 연달아 깨지지만, 파도는 그렇지 않아 다음 파도를 기다려야 한다. 또 해빙은 두께 1~2m 정도면 위력을 낼 수 있지만, 파도는 그보다 훨씬 많은 양의 물이 있어야 위력을 낼 수 있다. 한편, 선교에서 하얗게 날리는 포말을 찍느라 한참 동안을 있었지만 마음에 드는 사진이 없다. 오후 들어서는 파도도 점점 낮아져 3~4m에서 3m로 낮아졌고 그만큼 배는 더 빨리 갔다.

오늘도 오후 9시가 8시로 바뀌었다. 이제는 우리가 서울보다 3시간 빨라졌으니 사흘 동안 하루에 1시간씩 늦추면 우리나라 시간과 같아진다. 이 속도로 가면 베링 섬은 내일 새벽 3~4시경에 지나갈 것이다. 밤 9시만 되어도 칠흑처럼 깜깜해져서 내일 새벽 3~4시가 얼마나 밝을지는 몰라도 섬의 윤곽을 알아보기는 글렀다.

8월 19일 목요일

베링 섬을 먼발치에서라도 보고 싶은 마음에 새벽 4시에 일어났다. 먼저 좌현 갑판으로 나가 불빛을 찾으며 쌍안경으로 해안을 훑어보려고 했으나 깜깜하고 흐려 아무것도 보이지 않았고 별도 보이지 않았다. 선교의 최종범 일등항해사의 말로는 안개가 아주 심하게 껴 있다고 했다.

배는 캄차카 해협에 들어와, 북위 55°25′, 동경 164°15′ 분, 대략 베링 섬의 북서쪽 끝에서 서쪽으로 40km 정도 떨어진 곳을 시속 12.5해리의 속력으로 남서 방향으로 힘차게 달리고 있었다. 물결이 어느 정도 잦아들면서 배는 제대로 달리지 못한 거리를 회복하려고 제 속도보다 더 속력을 내는 것 같았다. 베링 섬은 보지 못해도 사할린 제도의 동쪽 가까이 지나가니 거기는 볼 수 있을 것이다. 한편, 이 새벽에도 중국 여학생과 한국해양대학교 학생들은 실험을 하고 있었다.

10월 중순부터 내년 5월 하순까지 있을 남극 항해를 앞두고 항해에 참가하지 않겠다는 사람이 승조원 25명 가운데 2명뿐이었다. 이번 항해야 꽤 짧은 편이었지만 1년 중 9개월 혹은 10개월이라면 결코 짧지 않은 일정이다. 수입도 중요한 문제지만 집을 너무 오래 비우게 되는 것이 문제이지 않을까 생각했다. 어쨌든 배를 타셨다는 사람들은 장기 항해에 대한 적절한 보상을 요구했고, 배를 관리하는 회사는 극지연구소에 그 보상 문제를 논의하겠다고 대답했다고 한다. 그러나 염려스러운 것이, 연구소에서는 100을 달라면 100을 줄 수도 있을 것 같지만 모두가 과연 선원들의 손에 들어갈지는 모르겠다. 관리하는 회사는 중간 업무를 처리하는 비용을 받으려고 할 것이다. 그렇다고 연구소가 선원들과 직거래는 하지 못하게 되어 있을 테니 이래저래 약자만 서럽다.

기관장의 말로는 25일 오후 1~2시면 부산에 들어가지만 문제는 배가 정박할 선석이 없다고 한다. 우리 배가 정박하려면 수심이 적어도 8m는 되어야 하는데 한국해양대학교의 부두는 수심이 얕아서 들어가지 못하고, 한진해운 부두에는 자리가 없단다. 하지만 그만큼 부산항과 한진해운이 바쁜 거라 생각하니 기분이 그다지 나쁘지는 않았다.

점심을 먹고 선교에 올라갔다가 배가 부산의 감천항이나 다대포항으로 들어갈지 모른다는 말을 들었다. 감천이라면 부산의 서쪽이지만 지하철 1호선을 타면 부산역으로 간다니 다행이다. 한편 오늘도 오후 9시가 8시로 바뀌어 우리나라보다 2시간 빠르다.

8월 20일 금요일

　배가 새벽에 캄차카 반도의 끝에서 90km 정도 떨어진 곳을 지나가면서, 희미하게나마 보이는 지형은 종상鐘狀화산이었다. 멀기도 했지만 화산 연기는 보이지 않으니 사화산이거나 휴화산으로 생각되었다. 러시아에서도 동쪽 끝인 캄차카는 야생과 대자연의 상징이고 대표이다. 그만큼 사람의 손길이 닿지 않는 곰과 야수들의 세상이다. 길도 없고 비행기, 헬리콥터, 배가 아니면 가기도 힘든 곳이다. 배를 대기 좋은 몇 곳에만 사람이 산다는 것을 다큐멘터리에서 본 기억이 있다. 캄차카 반도와 쿠릴 열도도 알류샨 열도처럼 호상열도이다.

　러시아 사람 둘은 자기네 땅이 보인다며 기뻐하는 기색이 역력했다. 그러나 상트페테르부르크에서 사는 빙해항해사는 자기의 관할권이 아니며, 블라디보스토크에 있는 빙해선장의 관할 지역이라고 말해 그들의 땅이 아주 넓다는 것을 보여주었다. 그래도 빙해항해사는 수온

8~14℃에서만 사는 물고기를 잡으러 이곳에 왔다고 한다. 곧 그는 일류신-14를 타고 500m, 700m, 900m 상공에서 적외선 장치로 수온을 측정하고 어군을 발견하면 선박에 알려주었다. 그의 말에 따르면 비행기에서 보이는 바닷물은 회색이지만 어군은 보라색이어서 발견하기 쉬우며, '어군 발견' 통보를 받은 어선은 보트를 내려 그물로 어군을 포위하여 30~40분이면 충분히 잡는다고 한다. 그렇게 잡은 고기를 부근에서 기다리는 공장선(가공선)으로 보내 냉동하거나 통조림을 만들었다고 한다. 그가 말하는 물고기는 정어리나 청어로 생각되는데, 그런 작업을 하는 어선은 그렇게 크지 않으며 한 번에 10~15척 정도가 어로 작업에 나섰다.

오늘 오후 헬리콥터 격납고에서는 승조원들이 탁구 경기를 했다. 기관부, 전자부, 갑판부, 조리부로 나누어 단식과 복식 게임을 했다. 출전비로 한 사람이 1만 원을 내고 선장과 기관장의 금일봉을 모아 상금은 적지 않았다. 오후 내내 격납고가 떠나가라 사람들은 열광했으며

멀리 보이는 캄차카 반도 끝의 북쪽.

이어서 숯불 불고기로 저녁을 먹었다. 등심, 삼겹살, 큰 새우, 야채, 김밥이 한 상 가득 차려졌고, 후식으로 포도, 과일 칵테일, 맥주, 음료수가 나왔다. 햇빛은 강했고 바람도 세지 않아 너울도 잔잔하여 야외 불고기 파티를 하기에는 아주 좋은 날씨였다. 2개월 남짓한 이번 항해에서 이런 파티가 열린 것은 처음이었다. 이런 파티를 하려면 당장 발등에 떨어진 일이 없어야 하고, 바깥에서 파티를 할 수 있을 정도로 날씨가 좋아야 하니 그런 날을 찾기란 쉽지 않을 것이다. 때문에 이런 파티야말로 배를 타는 사람들의 외식이요, 기쁨일 것이다. 문득 세종 기지에 있을 때, 매일 식탁에 앉아 밥 먹는 것이 싫다며 창고동, 체육관, 스키장, 언 바다 위에서 회식을 하던 것이 생각났다. 기지에서는 간혹 쇠고기와 삼겹살을 구워 먹을 때도 있었지만 주로 양 바비큐를 먹었다. 세종 기지에서 먹는 식품의 상당량을 구입했던 칠레는 양이 흔한 곳이라 값도 저렴했다. 양 1마리에 쇠고기를 조금 내어놓으면 20~30명이 먹고도 모자람이 없었다. 칠레식으로 구워 먹는다고 세지 않은 불 위

⚓ 8월 20일 오후, 탁구 경기가 끝난 다음 헬리콥터 갑판에서 불고기 파티를 했다.

에서 몇 시간을 굽기도 했는데, 그 일은 칠레 인부들이 도맡아서 해주
곤 했다.

날이 맑아 쿠릴 열도의 북쪽에 있는 섬들이 보였으나 워낙 멀리 떨
어져 전체 윤곽만 보였다. 모두 높고 낮은 종상화산이 있는 것으로 보
아 캄차카 반도와 다를 게 없었다. 한편, 지나가는 배들도 꽤 많았는
데, 빙해선장 말에 따르면 상당수는 러시아 어선이라고 한다.

남반구의 '검은이마알바트로스 Black-browed Albatross'와 '남방큰재갈매
기 Southern Giant Petrel'와 비슷한 새들이 보였다. 반구가 반대이니 비슷한
종의 새가 있을 것이다.

저녁에 식당에 들어갔다가 놈에서 만든 알라스카 프라이드 Alaska Pride
라는 식빵 봉지에 인쇄된 흥미로운 음식 가이드를 발견했다. 미국 농
무성이 추천하는 하루 섭취 식품의 종류와 양을 삼각형에 그린 것이었
는데, 이름도 '식품안내피라미드'였다. 간단히 말하면 곡류나 야채,
과일을 많이 먹고, 우유나 요구르트, 치즈 같은 유제품을 고기와 같이
줄여 먹으며, 지방이나 설탕은 거의 먹지 않는다는 상식으로 다 알고
있는 내용이었지만, 그림으로 알기 쉽게 설명한 것이 마음에 들었다.

오늘도 1시간을 늦춰 우리나라와 비교해 1시간만 빠르다. 이제 내
일 밤쯤 동해로 들어가 1시간을 늦추면 시간이 같아질 것이다. 배를 타
고 오면서 어렵지 않게 시차를 극복하고 있다.

8월 21일 토요일

일어나 밖을 내다보니 안개가 아주 심했다. 섬을 구경하기는 글렀다!

아침으로 나온 북어콩나물국은 러시아 사람도 '한국 보르쉬Korean borsch'라고 부르며 좋아했다(보르쉬란 러시아 사람들이 즐겨 먹는 국이다). 국 속에 있는 고기가 베링 해에서 잡은 명태를 말린 것이라고 하자 더 좋아하는 것 같았다. 그들도 우리가 매년 러시아와 협의해 어획할 명태의 양을 결정하는 것을 알고 있었다. "어제 러시아 배를 보았느냐"는 그들의 질문에도 조국에 대한 사랑을 느낄 수 있었다. 그렇다! 이 세상 모든 사람은 조국을 사랑한다!

평소 한글에 관심을 보이던 러시아 빙해선장 투이뇨 레오니드Tuyno Leonid 씨가 24자의 한글 자모로 몇 자를 조합할 수 있느냐는 질문을 또 다시 했다. 그에게 수천 자를 조합할 수 있다고 몇 차례 대답해주었는데, 도무지 믿을 수 없었던지 다시 물은 것이다. 나는 종이에 모음 10자와 자음 14자를 써놓고 10×14=140이라고 계산하고 '괜찮다'라는 단어를 예로 들어 자음과 모음의 결합을 설명해주었다. 그러자 표정을 보니 이번에는 어느 정도 이해하는 눈치였다. 자모가 조합된 글자를 모두 쓰지는 않겠지만 확실히 많다. 다만 내가 수천 자를 조합할 수 있다고 말은 했지만, 비슷하게나마 글자 수를 추정하지 못하는 게 문제인지라, 귀국하면 정말로 제대로 한글 전문가에게 물어봐야겠다. 어느 나라 문자나 그 문자를 이해하는 사람에게는 가장 편리한 문자이겠지만, 그중에서도 한글은 단연 우수한 문자이다. 그러므로 『총, 균, 쇠 Guns, Germs, and Steel』와 『문명의 붕괴 Collapse』와 같은 훌륭한 책을 쓴 로스앤젤레스 캘리포니아대학교의 재레드 다이아몬드 Jared Diamond 교수 같은 사람이 한글을 크게 칭찬하는 것 아니겠는가. 그가 괜한 말로 우리나라 독자한테 인기를 얻으려고 하는 말이 아닐 것이다. 이미 유네스코도 한글의 우수함을 인정하고 있지 않은가. 최근 인도네시아의 소수민족인 찌아찌아족은 자기네 소리를 문자로 쓰려고 한글을 도입했다고 한다. 이런 모습만 보더라도 한글은 이미 세계에서 그 우수성을 인정받고 있는 것이라 생각한다.

빙해항해사의 말로는 북극에는 10년이 넘은 얼음이 있다고 한다. 곧 캐나다 북쪽 바다에는 캐나다 저기압대가 있어 해류가 빙빙 돌아, 한번 갇힌 얼음은 바깥으로 나오지 못한단다. 예컨대, 1970년대 중반부터 1980년대 초반까지 움직이는 얼음 위에 세운 22번 연구 기지는 캐나다 북쪽 바다를 2번씩이나 돌았고, 또 캐나다 북쪽 바다에서 생긴 얼음이 그린란드 해까지 떠가는 경우가 있어, 상당히 오래된 얼음도 있다. 나아가 우리가 올라갔던 척치 해에서 생긴 얼음도 3, 4년에 걸쳐 북극점을 지나 스피츠베르겐 섬까지 떠가는 경우가 있으므로 5, 6년 된 얼음도 있을 것이다.

그의 이야기를 들으며 1가지 아쉬운 점이 들었다. 그는 러시아 사람이기 때문에 러시아 쪽 북극은 많이 알고 있어도 캐나다 쪽 북극은 자세히 알지 못한다는 점이었다. 충분히 그럴 수 있는 일이다. 그러나 더 큰 문제는 우리나라 사람 중에는 그만큼도 북극을 아는 사람이 없다는 사실이다.

레이더에 쿠릴 열도의 섬 몇 개가 노랗게 나타났다. 배는 쿠릴 열도의 쉬무쉬르^{Shimushir} 섬 동쪽을 지나고 있었다. 이 섬은 최고봉이 1,528m이고 길이 50km에 폭 10km 정도 되는 섬이다. 8시 2분 항적도에 나타난 쉬무쉬르 섬은 작았지만 남서쪽에 있는 우루프^{Urup} 섬은 전체가 다 나오지 않아도 크다는 것을 눈으로 알 수 있었다. 최고봉이 1,402m인 우루프 섬은 길이가 100km가 넘고 폭은 20km가 넘는다. 우루프 섬의 남서쪽으로는 이투루프^{Iturup} 섬과 구나쉬르^{Kunashir} 섬이 있다. 모두 호상열도의 일부인지라 큰 호를 만들면서 북동 – 남서 방향으로 놓여 있었다. 그다음 섬이 일본 홋카이도다.

저녁을 먹으면서 빙해항해사한테서 몇 가지 흥미로운 이야기를 들었다. 먼저, 기온이 -45 ~ -50 ℃ 보다 낮아지면 비행기가 착륙할 때, 비행기에 바퀴 대신 달아놓은 스키의 바닥에 닿은 얼음이 녹아 생긴 얇은 물 층이 즉시 얼어붙어, 비행기는 땅에 닿아 미끄러지는 게 아니라, 닿는 순간 앞으로 뒤집어진다는 것이다. 스키나 스케이트 선수가 스키나 스케이트를 탈 수 있는 것은 압력에 얼음이나 눈이 살짝 녹기

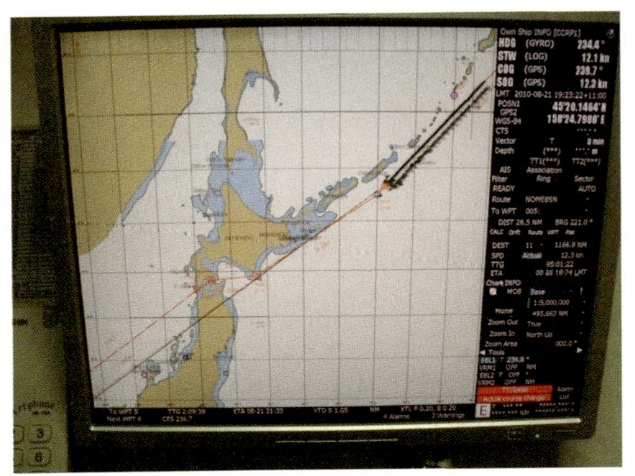

배는 8월 21일 오후 6시가 넘어
쿠릴 열도 이투루프 섬 남동쪽에서 침로를 변경했다.

때문인데, 기온이 많이 낮아지면 그 효과가 없어진다는 뜻과 같은 맥락일 것이다. 그러므로 극지에서 기온이 아주 낮으면 비행기가 착륙하지 못한다고 한다(아마 그 이유 때문이라 생각되는데, 1990년대 말 한겨울에 남극점에 있는 미국 아문센-스콧 기지에서 유방암을 앓았던 여자 의사에게 약을 가져다준 비행기가 착륙하지 못하고 약을 던져주었다. 그 약으로 생명을 구했던 의사 제리 닐슨 피제럴드 씨는 그 후 남극에 몇 번 더 갔으나 병이 재발해 2009년 6월 24일 57세를 일기로 세상을 떠났다).

기온이 낮아지면 기름이 얼고 윤활유가 어는데 7, 8년 전 러시아 극지 연구책임자가 그런 것을 예상하지 못하고 미국 아문센-스콧 기지에 갔다가 창피한 일을 당했다고 한다. 그는 비행기에서 내려 미국 사람의 접대를 받고 비행기에 올라탔는데 비행기 엔진이 가동되지 않아 이륙할 수 없었다. 1, 2시간 엔진을 끈 사이 연료와 윤활유가 얼어붙었던 것이다. 결국 그와 조종사는 며칠을 기다리다가 미국 비행기로 나왔고, 비행기는 그다음 해 여름 러시아 기술자들이 남극점으로 가서 가지고 왔다고 한다.

러시아 조종사가 그런 것을 모를 리가 없다고 생각되지만, 그런 일이 생긴 원인을 단순히 기온이 갑자기 떨어진 것만으로 설명할 수도 없는 일이다. 그들이 남극점으로 갔던 때를 정확하게 알 수는 없지만, 여름이 끝나고 겨울로 들어갈 때였다면 좋은 연료와 윤활유를 충분히 준비하거나 겨울철에 생길 수 있는 문제점들에 대한 준비를 충분히 했어야 했다. 모두가 실력 부족이고 준비 부족이다.

영하 50℃ 정도가 되면 새가 날지 못하고 떨어진다고 한다. 남극에서야 새들이 사는 해안선에서는 그 온도까지 기온이 떨어질 일이 없다고 생각되지만, 북극 시베리아에서는 그 기온에도 나타나는 새가 있는데, 기온이 워낙 낮아 얼어서 날아가지 못하고 떨어져 죽는다고 한다. 온몸이 깃털로 덮여 피가 따뜻한 동물인 새도 기온이 심하게 낮으면 꼼짝하지 못한다는 것이 언뜻 이해되지는 않았지만, 곰곰이 생각해보면 그럴 것도 같다는 생각이 들었다. 그렇게 낮은 온도에서 추위란 옷을 잘 입어 막을 수 있는 게 아니라 몸속으로 그냥 파고드니 말이다.

러시아는 북극이 가깝고 남극에도 기지가 많으며 극지연구 역사가 길어서 그렇겠지만 17번을 월동한 사람도 있으며, 10, 11번 정도 월동한 것은 월동을 많이 한 축에 끼지도 못하고, 5~7번 정도는 보통에 속한다. 그래서인지 세종 기지 옆에 있는 러시아 기지에는 북극에서 몇 번, 남극에서 몇 번이나 월동한 사람들이 몇 사람이나 있었다. 월동 기간 1년에 남극으로 오가는 시간을 합하면 1번 월동에 1년 3~4개월이 걸리는데, 귀국해서 몇 달을 쉬고 어김없이 월동한다고 가정해도, 17번을 월동하려면 무려 34년이 걸린다. 만약 1년을 쉬면 더 걸린다. 남극도 좋고 월동도 좋지만 그저 대단하다는 생각만 들었다. 암튼 러시아 기지 사람들은 남극에 여러 번을 가더라도 그때마다 할 일이 있고, 할 것들이 보인다고 말했다. 어떻게 보면 성실하고 어떻게 보면 무모

한(?) 것 같다.

한편 세종 기지에서 두 번째 월동을 했던 1991년, 아르헨티나 주바니 기지에서 만난 아르헨티나 육군하사관 출신인 레오나르도 구스만 Leonardo Guzman 씨는 월동을 14번했다. 당시 64세였던 그는 기술이 많았는데, 개도 능숙하게 다룰 줄 알았고 요리는 물론 나무도 잘 다뤘다. 이처럼 러시아나 아르헨티나는 남극에 기지가 많고, 남극연구의 역사가 길어 월동을 많이 해본 사람들도 많다.

1985년 당시 소련 쇄빙선 미하일 소모프 Michail Somov 호가 로스 해 동쪽 해역에서 얼음에 갇히자 블라디보스토크 Vladivostok 호가 구조를 나가 구조했다. 그 후 소련 정부는 블라디보스토크호 선장과 헬리콥터 조종사와 구조를 지휘한, A. 칠링가로프 씨에게 금성훈장을 주었다고 한다. 그는, 앞에서 말한 대로 2007년 북극점 바닥에 러시아기를 세운 공로로 또 한 번 금성훈장을 받아 우주인과 함께 모스크바 광장에 동상이 세워졌다. 그 광장에 동상을 세우려면 금성훈장을 2개 이상 받아야만 자격이 주어진다고 한다(나중에 소련 기념우표로 확인해보니, 미하일 소모프호는 1985년 3월 15일 얼음에 갇혔다가 7월 26일 구조되었으며, 블라디보스토크호는 같은 해 6월 10일에 떠나 9월 12일에 돌아왔다. 이런 것을 보면 얼음과 극지를 아주 잘 안다고 생각되는 사람들도 쉽사리 극지의 변화를 예상하지는 못하는 것 같다. 그만큼 변화가 심하기 때문일 것이다).

오늘은 하루 종일 해무가 심했고, 해무가 갠 뒤에도 날씨가 흐려 흥미로운 것은 하나도 보지 못했다. 한편, 오후 6시 20분경 이투루프 섬의 남동쪽을 달리던 배는 항로를 약간 더 서쪽으로 틀어 홋카이도 쪽으로 바꿨고, 또 9시에 1시간을 늦추어 우리나라 시간과 같아졌다.

8월 22일 일요일

이번 항해의 마지막 일요일 새벽이다. 배는 시코탄^{Sikotan}에서 남동쪽으로 25km 정도 떨어져 남서 방향으로 항해했다. 그러나 안개가 워낙 심해 섬을 구경한다는 것은 꿈도 꾸지 못할 정도였다. 남쪽으로 내려오면서 해무가 너무 심해 어제에 이어 오늘도 섬을 보기는 글렀다. 레이더로는 가까운 곳을 지나가는 배가 포착되었지만 보이지는 않았다. 10시경 해무는 다소 걷혔지만 하늘이 흐려 수평선 넘어 땅은 보이지 않았다.

대신 오징어잡이배로 보이는 20척이 넘는 일본 어선들이 보였다. 선체가 그다지 크지는 않았지만 모양이 산뜻하고 깨끗하여 작업 준비가 잘 된 듯이 보였다. 배 가까운 곳에 부이와 깃발이 서 있는 것으로 보아, 배는 어장을 지나가는 것 같았다. 한편, 땅이 가까워져서인지 물 위에 축구공이 떠 있고 스티로폼 같은 쓰레기도 군데군데 눈에 띄었다.

⚓ 알라스카 프라이드 식빵 봉지에는 쓸 만한 내용이 있어 8월 22일 오전에 그 내용을 촬영했다.

오늘 본 새 중에 갈매기가 가장 많이 보였는데, 몸집이 큰 것 중에는 알바트로스의 일종으로 보이는 새도 있었다.

신천옹새라고도 번역하는 알바트로스는 현재 지구에 있는 새 가운데 가장 큰 새이다. 종에 따라서는 두 날개 끝 사이가 3.5미터에 이르기도 한다. 말이 3.5미터이지 남자 두 사람이 두 팔을 한껏 벌려야 겨우 닿을 수 있는 길이이다. 그렇게 큰 새가 바다 표면을 미끄러지는 게 신기하기만 하다. 아무리 바람을 통해 몸을 띄운다지만 상당히 무거운 몸집으로날갯짓을 하지 않고도 나는 것이 놀라울 뿐이다. 남쪽으로 와서인지 남방만 입고 갑판에서 바람을 맞아도 그다지 춥지 않았다. 지금 우리나라는 기온이 30℃ 도가 넘는다고 하니 꽤 무더울 것이다.

배를 탄 이후 처음으로 본 파리 1마리를 잡아 비닐 지퍼백에 가둬 놨는데, 최근에 부화한 파리 같다. 분명히 이 파리 말고도 다른 파리들이 있을 것이다. 겉모양으로 봐서는 우리나라 파리와 똑같았다. 그렇다면 우리나라 파리가 배와 함께 돌아다닌다는 뜻일까(일본 파리가 배로 날아오지는 않았을 것이다). 쥐도 눈에 띄지는 않았지만 배 어디엔가 있을 가능성이 있다.

저녁 메뉴로 나온 옥돔 구이에서 호기심으로 오른쪽 이석 1개를 찾았는데 나머지를 찾지 못했으니 아마 삼킨 모양이다. 지난번 대구탕을 먹을 때도 남은 국물을 일부러 마시면서 이석을 찾았는데도 못 찾은 걸 보면 정말 삼킨 모양이다. 그런데 지난번에 찾은 대구의 이석을 생각해보면, 대구의 이석은 삼키기에는 꽤 크니 삼켰으면 몰랐을 리가 없다. 지난번 대구 머리에서는 우연히 이석 1개를 찾았는데, 탕에 들어 있는 머리가 반쪽이니 다 찾은 것이다. 참고로 물고기는 종에 따라 이석의 크기와 모양과 세부구조가 다르다.

수평선 따라 보이는 불빛들은 대부분이 일본 어선들의 불빛이라고 보아야 한다. 그러나 좌현의 불빛은 육지에서 나오는 불빛도 있을 것이다. 구름이 띄엄띄엄 보이는 하늘에서 구름 사이로 별은 보이지 않았다. 저녁을 먹을 때 TV에서 일본 방송이 나오는 걸 보면 곧 우리나라 방송도 나오겠지?

8월 23일 월요일

6시 20분경 기온이 23.5℃로, 아침 기온이 20℃를 넘기기는 이번이 처음이니 남쪽으로 온 게 틀림없고 여름이 끝나지 않은 게 분명하다.

어제저녁 때만 해도 지퍼백 안에서 팔팔거렸던 파리가 오늘 아침에는 뒤집어져 다리만 버둥댔지만 그래도 아직 기가 살아 있는 듯했다. 지퍼백이니 산소도 충분하지 않을 터이고, 먹고 마시지 못했으니 이제 서서히 움직임을 멈출 것이다(결국 파리는 9시가 안 되어 죽었다). 요사이 배에서 파리들이 눈에 띄는 것으로 보아, 알이 추울 때는 부화하지 않다가 더워지면서 부화하는 것 같다. 알로 나왔어도 온도가 낮으면 동면하다가 살 수 있을 만한 온도가 될 때까지 부화를 기다리는 것이 파리의 생존전략인가 보다. 또 날씨가 갑자기 더워지고 육지가 가까워져서인지 나방과 곤충도 종종 눈에 띄었다.

아침 7시 반경 뒤갑판에 참새로 보이는 작은 새가 나타났다. 사람

⚓ 쇄빙선이 8월 23일 오전 8시경
쓰가루 해협에 들어서자 나타난 일본 방위청 소속
4발기 오리온 5. ⓒ빙해항해사

을 상당히 무서워했던 그 새는 육지가 가까워 날아온 것 같은 데, 배의 앞쪽으로 날아가는 것을 본 게 마지막이었다. 앞쪽으로는 일부러 가지 않았으나 새의 기척은 없는 듯했다.

쓰가루 해협을 지날 때인 아침 8시경, 갑자기 회색 비행기가 낮게 날며 나타났다. 그 자리에 있던 빙해선장은 잠수함을 찾거나 전함을 공격하는 비행기인 '오리온Orion 5'라고 판단했다. 일본 방위청 소속으로 생각되는 그 비행기는, 1번의 정찰로는 부족했던지 다시 나타났지만 워낙 빨라 사진다운 사진을 찍지는 못했다. 처음 보는 붉은 배가 나타나자 해협에 있는 정보기관이 신고했고, 정보를 획득하고자 비행한 것이라 생각된다(아니면 다 알고 있었는데 사진을 찍고 자기네가 가지고 있는 정보를 확인하려고 했는지도 모른다. 지난번 이곳을 지날 때는 새벽이었고 안개가 아주 심했다). 나중에 빙해항해사가 찍은 비행기 사진 2장을 얻었는데, 프로펠러들이 선명하고 센서로 보이는 부착물들이 꽤 많이 설치되어 있었다(나는 그에게 답례로 내가 찍은 비행기 사진들과 참새 사진들을 주었다). 오리온은 엔진이 4개인 군용 비행기로, 칠레 해군에게도 있어 몇 년 전 미국 과학자들이 그 오리온으로 남극을 조사했다.

오후 2시경 배는 해협을 완전히 빠져나왔고 4시경에는 미친 듯이 달렸다.

스크루의 강한 힘에 바닷물은 펄떡거리고-요동치고-철썩거리고-일어나고-주저앉고-솟구치고-돌고-뒤섞이고-튀어 오르고-나풀거리고-뛰어오르고-뒤범벅이 되고-울고-뿌리치고-따라가고-날리고-밀리고-꿈틀거리고-소리치고-춤추고-미친 듯 울부짖고-갈리고-출렁거리고-콸콸거리고-내려가고-올라가고-깨지고-부스러지고-솟아오르고-변하고-넘실거리고-물보라를 일으키고-끓어오르고-따라오고-넘치고-굴러가고-철벅거리고-잘라내고-끊기고-떨어지고-소리친다. 또 천천히 부드럽게 굽이치고-흘러가고-사라지고-허옇게 되고-터지고-덤벼들고-높아지고-낮아지고-미끈해지고-도망가고-엎어지고-쓰러지고-뒤집어지고-헐떡거리고-덮이고-나타나고-들썩이고-부옇게 되고-미끄러지고-날아가고-날려가고-뿌리고-방울지고-화들짝 놀라고-갉아먹고-까불고.

한편, 날씨가 더워져 선실에 냉방을 시작했다.

⚓ 8월 23일 아침, 뒤갑판에 나타난 작은 새.

8월 24일 화요일

아침 6시 40분의 기온이 28℃였다가 오후 1시 15분에 이르러서는 29.2℃로 되었다.

내일 오후 3, 4시경 부산 다대포항으로 들어간다는 소식에 외국인들은 누가 자신들을 관리해줄지 궁금하게 생각하는 눈치였는데, 조금도 걱정할 필요가 없었다. 연구소에서 이미 준비를 해놓고 있기 때문이다. 러시아 사람 둘은 쇄빙선 쪽이 맡을 것이고, 연구원 4명은 아무래도 초청한 부서의 담당자가 알아서 할 것이다.

배에서 먹는 마지막 저녁식사라 그런지 연어와 참치회에 멍게, 삶은 오징어, 장어 구이, 각종 채소에 새 숟갈과 새 젓가락이 나왔다. 아삭아삭 씹히는 채소는 언제 먹어도 맛있고, 새 물건은 언제나 기분이 좋다.

배가 밤 10시경 독도 남쪽 30해리 남쪽으로 지나간다니 너무 멀어

서 독도를 보기는 글렀다. 게다가 하늘마저 흐려, 아무것도 보이지 않을 것이다. 올 때는 안개 속이나마 독도를 보았는데. 이번에는 그마저도 못 볼 것이다. 뜬금없는 말 같지만 독도는 우리 땅이다!

<h1 style="text-align:right">8월 25일 수요일</h1>

배는 고요한 우리 동해의 남쪽 바다를 잘도 나아갔다. 기온이 27°C
인 게 낮이 되면 덥겠고 해무가 걷히면 날씨가 아주 좋아지리라 예상
되는 아침이다. 바람에 날려 왔는지, 아니면 배에서 부화되었는지는
몰라도 갈색 나방이 보였다. 해무 때문에 아주 희미하게 보이는 가스
굴착탑에서 불꽃이 보이지 않았는데, 가스가 나오지 않는 건지 궁금
했다.

시내 가까운 부두에는 자리가 없어 배는 오후 2시가 넘어 감천항으
로 들어왔다. 감천은 어릴 적 친구의 어머니가 고아원의 보모를 해서,
그 친구와 함께 몇 번 와봤던 곳이다. 그러나 그때의 모습은 전혀 찾아
볼 수 없고, 대신 고층 아파트들이 빽빽하게 들어선 신도시가 되었다.
오가는 자동차들과 사람들, 포장된 길, 동네, 기중기, 학교, 교회, 냉동
공장, 학원, 문화센터, 맥주, 간판, 독서실…… 이 모두가 문명세계의

특징이다.

　배는 3시 반경 예인선 선진 303호와 진달래호 덕분에 감천항 부두에 닿았다. 한시라도 빨리 집에 가고픈 마음에 고마운 사람들에게 제대로 인사도 하지 못하고 허겁지겁 배에서 내려와 출구로 빠르게 발길을 옮겼다.

　항해 도중 이틀을 땅에서 머물렀으니 54일간 배를 탄 셈이다. 학위를 받고 1981년 초 귀국한 이래 배를 가장 오래 탔다. 남극반도 부근에 있는 기지들을 검열하려고 1993년 1~2월에 탔던 영국 쇄빙선 엔듀어런스*HMS Endurance*호나 대륙 기지 후보지를 답사하려고 2008년 1~2월에 탔던 러시아 내빙선 아카데믹 페도로프호도 이렇게 오래 타지는 않았

⚓ 8월 25일 오후 3시경,
　부산 감천항에서 쇄빙선을 미는 예인선.

다. 스스로 대견할 정도로 잘 견뎠다는 생각이 들었다.

　처음에는 장기 항해이고, 북서태평양과 북극이 험한 바다라 한줄기 불안한 마음도 없지 않았지만, 다행히 바다가 고요해 큰 어려움 없이 항해할 수 있었다. 또 아무나 쉽게 경험하지 못할 귀한 기회였던 만큼 내가 대표로 경험하고 이번 항해의 의의를 더 많은 사람들에게 알리고 싶어 일지를 썼다. 다행히 한 권의 책으로 엮을 수 있을 만큼 쓰게 된 것도 다행스럽다.

⚓ 8월 25일 오후 3시경, 감천항 주택가.

항해를 돌아보며

2008년 1~2월 러시아 내빙선 아카데믹 페도로프호로 대륙 기지 후보지를 답사하려고 남극대륙 해안에 가까이에 갔을 때, 하얀 해빙으로 덮인 바다와 남빙양을 바라보면서 대단한 국력 없이는 남극대륙으로 나가지 못할 거라고 몇 번이나 생각했다. 이런 쇄빙선을 만들어 남극과 북극까지 갔다 온다는 것은 국가의 힘 없이는 안 되는 일이다.

이번 북극 척치 해를 항해하면서 우리나라도 정말 대단한 나라가 되었다고 몇 번이나 생각했다. 정말이지 대한민국은 대단한 나라다. 얼음과 펭귄밖에 없는 남극과 북극곰밖에 없는 북극이 뭐 대단하냐며 대수롭지 않게 여길 수도 있지만, 결코 그렇지 않다. 극지에 먼저 진출한 나라들은 쇄빙선이 있었기에 많은 연구가 가능했다. 우리나라도 이제 쇄빙선을 가질 만큼 큰 나라가 되었다. 우리 과학자들의 입장에서는 나라의 결정이 고마울 뿐이다.

⚓ 7월 24일, 얼음으로 가득 찬 바다를 지나가는 쇄빙선의 항적.

　이번 항해는 우리가 얼음과 북극을 너무 몰랐다는 것이 큰 문제였다. 그럴 수밖에 없는 것이 얼음과 북극은 우리의 관심사가 아니었기 때문이다. 수석과학자인 정경호 박사와 지질학자인 남승일 박사가 각각 러시아와 독일의 배를 타고 얼음이 없었던 북대서양 북쪽 바다를 몇 번 항해한 경험이 전부였다(얼음이 있었다고 해도 얼음은 그들의 흥미를 끌지 못했다). 적어도 이 배를 탔던 사람 가운데 척치 해에 가보았던 사람은 아무도 없었고, 설혹 날씨가 따뜻할 때, 내빙선을 타고 몇 번 가봤다고 해도 이번 바다를 크게 이해하지는 못했을 것이다. 또는 외부 연구원들이 몇 번 유사한 경험이 있었다고 해도 그렇게 큰 영향을 주지는 못했을 거라고 생각한다. 그런 점에서 학문도 연구도 경험이 있어야 하고, 경험은 시간을 필요로 한다는 점에서 금방 해결될 문제가 아니다. 그러나 관심을 가지고 배운다면 그 시간의 간극은 어느 정도 줄

일 수 있을 것이다.

이번 항해는 얼음 특성 연구와 일반 해양학이라는 어울리기 어려운 두 학문이 함께했기 때문에 어렵게 다가왔다. 먼저 얼음 연구에는 쓸 만한 얼음, 곧 신선하고 단단한 얼음이 필요하다. 반면 일반 해양학자는 얼음이 있으면 연구 재료를 얻기가 쉽지 않다. 물론 얼음이 있더라도 배 부근에는 얼음이 없으므로 연구 재료를 채집하고 조사하는 데 어려움이 없다고 말할 수 있겠지만, 얼음이 두꺼우면 연구 재료를 얻기가 쉽지 않다.

그런 점에서 두 분야가 같은 시기에 갈 것이 아니라 시기를 달리해 갔어야 한다. 예를 들면, 얼음학자들은 더 일찍, 얼음이 더 많을 때 가야 하고, 일반 해양학자들은 얼음이 많이 녹았을 때 가면 연구 재료를 더 쉽게, 더 많이 채집할 수 있을 것이다. 빙해항해사의 말로는, 해양학자들은 이번처럼 7월 중순에 갈 것이 아니라, 8월 중순부터 9월 중순까지 바다 얼음이 많이 녹고 강도가 약해졌을 때 가야 한다고 한다. 반면 얼음학자들은 더 일찍 오면 덜 녹은 신선한 얼음을 더 많이, 더 쉽게 찾을 수 있었을 것이다.

이번 항해조사를 통해서 자기 분야에서 부족한 것을 알았을 것이다. 나아가 자존심을 세우는 대신 서로가 마음을 열고 배우려는 자세를 가졌더라면 훨씬 더 나은 성과를 거두었을지도 모른다. 이런 것들을 보완한다면 다음번 조사 때는 훨씬 더 좋은 성과를 기대할 수 있을 것이다.

무슨 일이든 첫술에 배부를 수는 없으니 이 점을 인정하고 다음을 준비하는 데 도움이 될 수 있다면 그것만으로도 이번 항해는 충분히 의미 있는 일이 될 것이라 생각한다.

이번 항해는 승조원들이 적극적으로 도와주었기 때문에 연구 재료를 쉽고 안전하고 빠르게 얻을 수 있었다. 그런 점에서 연구원들은 승조원들에게 크게 고마워할 것이다. 옛날부터 뱃사람들은 배라는 작은 공간에서 생활하면서 갖가지 어려움에 대처하는 능력을 키웠기 때문에 난관을 극복하는 지혜가 있다고 들었는데 그 말이 틀리지 않았다.

이번 항해를 하면서 느낀 것 중 하나는, 중·고등학교 선생님들에게 '쇄빙선 승선 체험'을 경험할 수 있게 해주면 좋겠다는 것이다. 단, 과학 선생님들의 시간을 고려해, 부산에서 놈까지나 놈에서 부산까지 승선이 좋을 것이다(놈에서 우리나라 교통편은 물론 비행기이다). 과학 선생님들 중에서도 지학 선생님들과 생물 선생님들은 배우는 게 아주 많을 것이라 생각한다. 그러나 그러려면 배의 위치와 움직임, 기상과 바다의 상태를 한자리에서 보여줄 수 있는 시설이 필요하다. 또 그 시설은 누구나 쉽게 가서 볼 수 있는 곳에 있어야 한다. 그런 정보를 알기 위해 배의 선교를 오르내리거나 개인 연구실을 들락거려서는 안 된다. 나아가 놈에 며칠을 묵게 하면서 알라스카 내부의 식물과 동물과 지형과 토양과 사금 채굴 시설도 보여주면 좋을 것이다. 또 맑은 날의 밤하늘을 보는 것이 쉽지 않은 일이겠지만 북반구 성좌도를 가지고 하늘의 별을 쳐다보는 기쁨도 괜찮을 것이다.

한편, 선생님들은 이러한 일들을 고생이나 시간 낭비, 멀미, 모기와 같은 걱정들을 떠올려서는 안 된다. 그보다는, 경험은 커다란 실력이요, 자신감이요, 훌륭한 교육 재료가 된다는 것을 유념해야 할 것이다. 나아가 선생님이라는 직업으로는 체험하기 어려운 고립된 선상 생활

⚓ 북극 척치 해를 가로지르는 쇄빙선. ⓒ극지연구소 한승필

과 만나기 어려운 뱃사람들과 가까이 하면서 그들의 기쁨과 어려움을 아는 것도 큰 도움이 될 것이라 생각한다.

이 밖에도, 이 배가 작년 말에 취역한 우리나라 최초의 쇄빙선이어서 빙해를 항해할 수 있는 선장과 항해사가 너무 적다는 것도 문제이다. 당장만 해도 현재 이 쇄빙선을 운영하는 선장과 항해사들이 없으면 쇄빙선이 항해를 하지 못할 정도이다. 그러므로 되도록 빨리 빙해를 항해할 수 있는 다른 선장들과 항해사들을 양성해서 이들에게 주어진 과도한 항해 업무를 경감시켜주어야 무리 없는 항해를 할 수 있을 것이라 생각한다.

마지막으로, 이 항해를 하며 느낀 것 중 하나는 우리가 헬리콥터 화재에 너무 소홀하다는 것이다. 예컨대, 1991년 11월 아르헨티나 해군 쇄빙선 알미란테 이리사르*Almirante Irizar*호를 탔을 때, 헬리콥터가 이륙하고 착륙할 때는 방열복을 입은 하사관이 소화 호스를 들고 서 있었다. 불이 나면 즉시 화재를 진압하기 위해서였다. 또 2008년 1~2월 러시아 내빙선 아카데믹 페도로프호의 헬리콥터 이륙 갑판에는 대포 같은 소화 장비가 2대나 있었다. 1993년 1~2월에 탔던 영국 쇄빙선 엔듀어런스호에는 특별한 기억은 없지만 고성능 소화 장비가 있었을 것이다. 그에 비해 우리 배는 검사에 합격한 최소의 방화 시설과 소화기가 몇 개, 그것도 격납고 안, 선수 쪽 벽에 놓여 있고 '화기 엄금'이라는 경고 문구가 전부이다. 그런 일이야 없어야겠지만 정작 불이 났을 때는 화재를 충분히 진압할 정도의 시설이 갖춰져 있지 않아 큰 사고로 이어질 수도 있다. 항공유는 인화성이 아주 높기 때문에 작은 불씨도 큰 문제가 될 수 있기 때문이다.

그렇다면 우리가 해야 할 일은 분명하다. 다소 예산이 들더라도 빨리 충분하고도 안전한 소화 시설을 갖추는 것이다. 그렇지 않으면 우리가 자주 쓰는 속담처럼 '소 잃고 외양간 고치는 격'이 될 것이다. 또 아무도 책임지지 않을 것이다.

⚓ 우리 쇄빙선은 헬리콥터 화재에 대한 대비가 너무 소홀하다.

⚓ 참고문헌

* Alaska! Official Map, Alaska Department of Transportation & Public Facilities, Juneau, Alaska, 2007.
* Alaska is the Biggest State, J & H Sales Anchorage, Alaska.
* Alaska Wildlife checklist.
* Bear Facts, The Essentials for Traveling in Bear Country.
* Helicopter Flightseeing, Bering Air.
* Iditarod, National Historic Trail, Alaska, U. S. Department of the Interior.
* NOME, Visitors' Guide, A publication of the The Nome Nugget, Alaska's Oldest Newspaper. pp. 12, 2010.
* Nome Discovery Tours, Nome, Alaska.
* Nome Summer Events Calendar.
* The Bering Sea and Aleutian Islands, written by Terry Johnson and edited by Kurt Byers, Alaska Sea Grant College Program, University of Alaska Fairbanks, pp. 191, 2003.
* The Great Naturalists, edited by Robert Huxley, Thames & Hudson, pp. 304, 2007.

1. 선장과 승조원들

- **선장** 김현율
- **기관장** 서호선
- **일(등)항(해)사** 최종범
- **이(등)항(해)사** 김대영
- **이(등)항(해)사** 최진우
- **일(등)기(관)사** 이우근
- **이(등)기(관)사** 장정준
- **갑판장** 이재근
- **조리장** 이상범
- **조기장** 이상진
- **전자장** 신동섭
- **전기장** 김희수
- **전기사** 곽대웅
- **전자사** 이상영
- **전자사** 박상후

- **조리수** 김남훈
- **갑판수** 김태연
- **갑판수** 김홍귀
- **기관수** 박기천
- **기관수** 나병선
- **조리원** 권인수
- **갑판원** 배성경
- **갑판수** 구자익
- **갑판원** 이시석
- **갑판원** 유승완

- **임시 조리원** 이영욱
- **임시 조리원** 김반석
- **임시 갑판원** 조민제

2. 승선 연구원을 포함한 승선 인력(2010년 7~8월 북극 척치 해 항해)

① 승선자 76명 항차별 구분

A. 1항차 (인천 → 부산 → Nome) 2010년 7월 1일~14일 42명

연구원 12명, 지원 인력 5명(임시 승조원 3명, 빙해항해사, 방해선장), 승조원 25명, 합계 42명

번호	이름 · 소속 · 전공			승선 일정		구 분	1항차 종료 후
	이름	소속	전공	승선	하선		
1	강일남	인하대학교	미생물, 고세균	7월 1일 (I)	7월 14일 (N)	연구원 (12)	하선 (5)
2	남성진	극지연구소	위와 같음	위와 같음	위와 같음		
3	이홍규	한양대학교	해수 분석	위와 같음	위와 같음		
4	류상범	기상청	아르고 플로트 투하	위와 같음	위와 같음		
5	엄현민	위와 같음	위와 같음	위와 같음	위와 같음		
6	한덕기	극지연구소	미생물 분석	위와 같음	8월 14일 (N)		계속 승선 (7)
7	장순근	위와 같음	항해기 작성	위와 같음	8월 25일 (B)		
8	유현수	한국해양대학교	해수 분석	위와 같음	위와 같음		
9	박용기	위와 같음	위와 같음	위와 같음	위와 같음		
10	Yinxin Zeng	중국 극지연구소	미생물 연구	위와 같음	위와 같음		
11	Jiao Liping	중국 제3해양연구소	유기오염물질 분석	위와 같음	위와 같음		
12	Dou Tingfeng	CAA	해빙반사도 연구	위와 같음	위와 같음		
13	Tuyno Leonid	블라디보스토크	빙해선장	위와 같음	위와 같음	지원 인력 (5)	계속 승선 (5)
14	Andrey Masanov	러시아 남북극연구소	빙해항해사	위와 같음	위와 같음		
15	이영욱		임시승조원	위와 같음	위와 같음		
16	조민제		위와 같음	위와 같음	위와 같음		
17	김반석		위와 같음	위와 같음	위와 같음		
18 ~ 42	김현율 선장 외			7월 1일 (I)	8월 25일 (B)	승조원 (25)	계속 승선

B. 2항차 (Nome → 척치 해 → Nome) 2010년 7월 16일~8월 13일 71명

　연구원 35명, 지원 11명(1항차 인력에 선의, 헬리콥터 관련 3명, 북극곰 감시인, 사진사 추가),

　승조원 25명 합계 71명

번호	이름 · 소속 · 전공			승선 일정		구 분	2항차 종료 후
	이름	소속	전공	승선	하선		
1	장순근	극지연구소		7월 1일 (I)	8월 25일 (B)		계속 승선 (6)
2	유현수	한국해양대학교		위와 같음	위와 같음		
3	박용기	위와 같음		위와 같음	위와 같음		
4	Yinxin Zeng	중국 극지연구소		위와 같음	위와 같음		
5	Jiao Liping	중국 제3해양연구소		위와 같음	위와 같음		
6	Dou Tingfeng	CAA		위와 같음	위와 같음		
7	한덕기	극지연구소		위와 같음	8월14일 (N)	연구원 (35)	하선 (29)
8	정경호	위와 같음	항해연구책임	7월 16일 (N)	위와 같음		
9	양은진	위와 같음	해양생태	7월 15일 (N)	위와 같음		
10	김영남	위와 같음	영양염과 색소 분석	위와 같음	위와 같음		
11	김보경	위와 같음	일차생산성	위와 같음	위와 같음		
12	김기춘	한양대학교	중형 저서동물	위와 같음	위와 같음		
13	하호경	극지연구소	해양물리	위와 같음	위와 같음		
14	나형술	위와 같음	음향생물	위와 같음	위와 같음		
15	김진우	서울대학교	해빙 두께	위와 같음	위와 같음		
16	남승일	극지연구소	북극양 고기후	위와 같음	위와 같음		
17	손영주	위와 같음	위와 같음	위와 같음	위와 같음		
18	지효선	위와 같음	위와 같음	위와 같음	위와 같음		
19	이수영	위와 같음	식물플랑크톤 배양	위와 같음	위와 같음		
20	김춘식	위와 같음	공무 감독	위와 같음	위와 같음		
21	황병준	SAMS, UK*	해빙물리	7월 15일 (N)	8월 14일 (N)		
22	이춘주	해양시스템 안전연구소	쇄빙선 성능계측 해빙 정보수집	위와 같음	8월 13일 (N)		
23	정성엽	위와 같음	쇄빙선 성능계측	위와 같음	위와 같음		
24	안대성	위와 같음	위와 같음	위와 같음	위와 같음		

번호	이름·소속·전공			승선 일정		구분	2항차 종료 후
	이름	소속	전공	승선	하선		
25	최경식	국립해양대학교	쇄빙선 빙하중계측	위와 같음	위와 같음	연구원 (35)	하선 (29)
26	김대환	위와 같음	해빙재료 특성계측	위와 같음	위와 같음		
27	박영진	위외 같음	위와 같음	위와 같음	위와 같음		
28	김현수	인하공업전문대학	쇄빙선 성능계측	위와 같음	위와 같음		
29	임채환	한국기계연구원	쇄빙선 빙하중계측	위와 같음	8월 14일 (N)		
30	정종안	위와 같음	위와 같음	위와 같음	위와 같음		
31	김흥섭	위와 같음	위와 같음	위와 같음	위와 같음		
32	박조현	국립해양조사원	북극양 항로조사	위와 같음	위와 같음		
33	김정만	국립해양대학교	위와 같음	위와 같음	위와 같음		
34	남청도	위와 같음	위와 같음	위와 같음	위와 같음		
35	N. P. Mary Mar	상명대학교	동물플랑크톤	7월 15일 (N)	8월 25일 (B)		
36	Tuyno Leonid			7월 1일 (I)	위와 같음		계속 승선 (5)
37	Andrey Masanov			위와 같음	위와 같음		
38	이영욱			위와 같음	위와 같음		
39	조민제			위와 같음	위와 같음		
40	김반석			위와 같음	위와 같음		
41	한상호		선의	7월 15일 (N)	8월 14일 (N)	지원 인력 (11)	하선 (7)
42	한승필	극지연구소	사진사	위와 같음	위와 같음		
43	Marty Stauber	Maritime Helicopter	헬리콥터 조종	위와 같음 (N)	8월 13일		
44	Howard Reed	위와 같음	위와 같음	위와 같음	8월 14일 (N)		
45	David Sanderson	위와 같음	헬리콥터 정비	위와 같음	8월 13일 (N)		
46	Gary Wallace	북극곰 모니터링 서비스	북극곰 감시	위와 같음 (N)	8월 14일		
47 ~ 71	김현율 선장 외			7월 1일 (I)	8월 25일 (N)	승조원 (25)	계속 승선

C. 3항차 (Nome → 부산) 2010년 8월 14일~25일 37명

구 분	연구원	지원 인력	승조원	계
인 원	7	5	25	37

※ 지원 인력: 임시 승조원(3명), 빙해항해사, 빙해선장

번호	이름·소속		승선 일정		구 분
	이름	소속	승선	하선	
1	장순근	극지연구소	7월 1일 (I)	8월 25일 (B)	연구원 (7)
2	유현수	한국해양대학교	위와 같음	위와 같음	
3	박용기	위와 같음	위와 같음	위와 같음	
4	Yinxin Zeng	중국 극지연구소	위와 같음	위와 같음	
5	Jiao Liping	중국 제3해양연구소	위와 같음	위와 같음	
6	Dou Tingfeng	CAA	위와 같음	위와 같음	
7	Noblezada Padohinog Mary Mar	상명대학교	7월 15일 (N)	위와 같음	
8	Andrey Masanov	빙해항해사	7월 1일 (I)	위와 같음	지원 인력 (5)
9	Tuyno Leonid	빙해선장	위와 같음	위와 같음	
10	이영욱	임시 승조원	위와 같음	위와 같음	
11	조민제	위와 같음	위와 같음	위와 같음	
12	김반석	위와 같음	위와 같음	위와 같음	
13~37	김현율 선장 외		위와 같음	위와 같음	승조원 (25)

※ I: Incheon, N: Nome, B: Busan *영국 스코틀랜드 해빙연구소

② 항해일정 · 항해거리 · 항해시간

가. 항해일정

인천 → 부산 → 놈

2010년 7월　　1일 – 17시 : 인천 출항

3일 – 16시 54분 : 부산 입항

20시 55분 : 부산 출항

6일 – 새벽 쓰가루 해협 통과

10일 – 24시 날짜변경선 통과 (북위 52° 03′, 동경 169° 53′)

11일 – 아침 아투 섬 서쪽을 지나 올라가

16시 40분 경도 180° 통과(북위 57° 28′)

13일 – 15시 15분 알라스카 놈 입항

놈 → 척치 해 → 놈

17일 – 10시 : 놈 출항–베링 해협 통과

23시 32분 : 북극권을 지나 척치 해 항해

11일 – 21시 20분 : 북극권을 빠져나와 남쪽으로 항해–베링 해협 통과

13일 – 08시 45분 : 놈 입항

놈 → 부산

14일 – 11시 35분 : 놈 출항

16일 – 2시 47분 : 경도 180° 통과(북위 59° 32′)

5시 45분 : 날짜변경선 통과(북위 59° 08′, 동경 178° 31′분)

19일 – 새벽 : 캄차카 해협 지남

23일 – 오전 : 쓰가루 해협 통과

25일 – 오후 3시 35분 : 부산 감천항 입항–항해 종료

나. 항해거리와 항해시간

쇄빙선의 운행을 도와주는 회사 응용기상기술(AWT Applied Weather Technology)에서 극지연구소로 보낸 자료를 보면, 쇄빙선의 항해거리와 항해시간은 다음과 같다. 응용기상기술의 본사는 미국 캘리포니아 서니베일(Sunnyvale)에 있으며 서울을 포함한 아시아 주와 유럽에 지사가 있다.

　가) 인천 → 부산 → 놈은 3,548.4해리이며 항해시간은 297.5시간

　나) 놈 → 척치 해 → 놈은 2,147.1해리이며 항해시간은 648.65시간

　다) 놈 → 부산은 3,057.8해리이며 항해시간은 250.72시간

전체 항해거리는 8,753.3해리로, 16,211.1km이며, 전체 항해시간은 1,196.87시간이다.

3. 항적도

① 인천 → 부산 → 놈(응용기상기술(AWT) 제공)

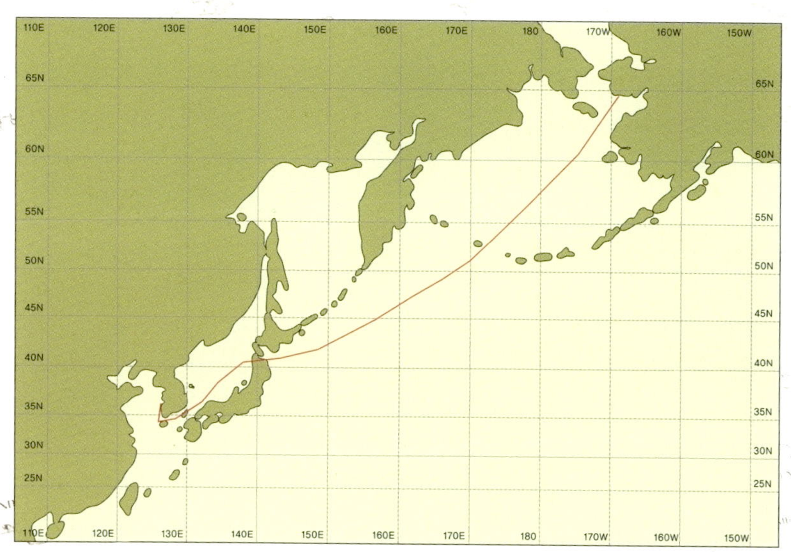

② 놈 → 북극 척치 해 → 놈(응용기상기술(AWT) 제공)

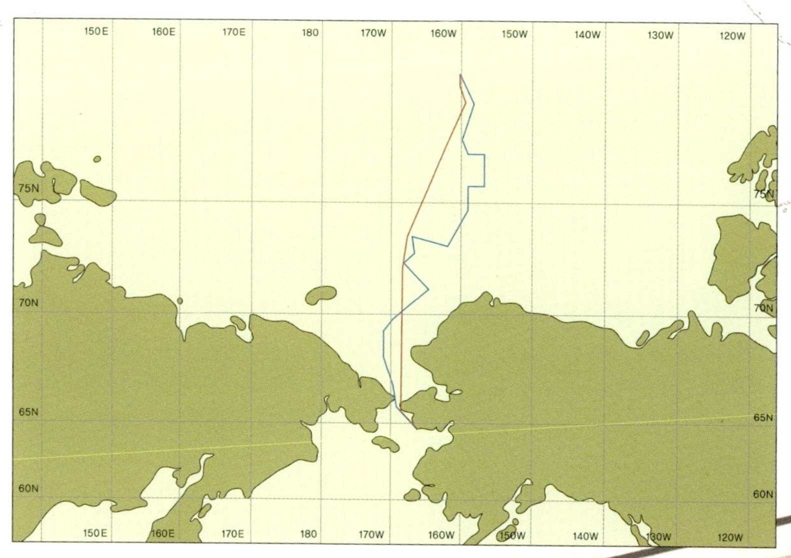

③ 놈 → 부산(응용기상기술(AWT) 제공)

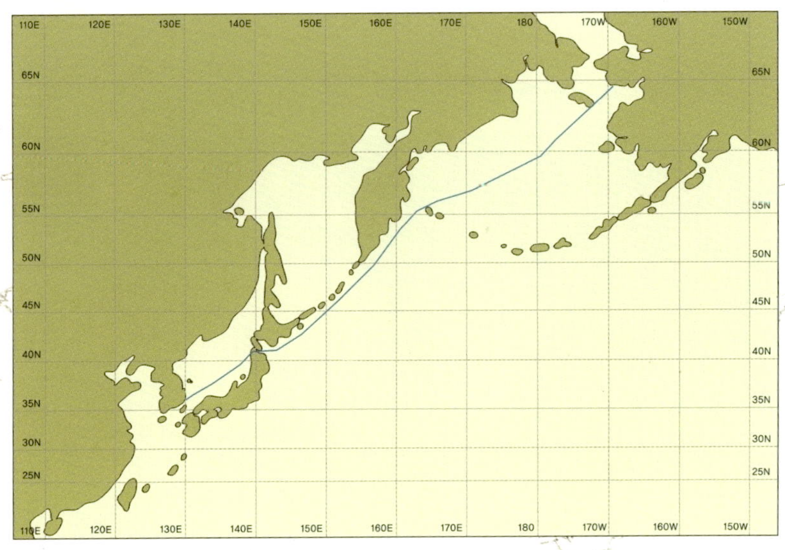

110E 120E 130E 140E 150E 160E 170E 180 170W 160W 150W
65N
60N
55N
50N
45N
40N
35N
30N
25N

4. 이 배를 탈 사람들에게

참고로 앞으로 이 배를 탈 사람들을 위하여 간단한 준비 사항과 배에서 행동할 방법에 관한 이야기를 덧붙인다.

🚤 이 항해에서는 멀미다운 멀미를 하지 않았지만, 멀미는 정말이지 괴롭다. 먼저 파도가 높아지고 배가 흔들리면서 속이 메스꺼워지고 참지 못하면 토해야 한다. 먹고 마시는 것마다 토하고, 토할 때는 잘 알다시피 전신의 힘이 쭉쭉 빠진다. 멀미를 할 때는 모든 것이 귀찮아지고 자리에 누워 있는 게 가장 편안하다. 멀미약은 반드시 복용 방법대로 복용해야 하는데, 가령 멀미를 시작하기 전에 먹어야 한다면 그렇게 하는 것이 좋다. 귀 밑에 붙이는 멀미약도 있지만 오래 붙이면 좋지 않다는 말이 있다. 각 나라의 해군마다 멀미를 막는 독특한 방법이 있는데, 예컨대 우리나라 해군은 100원짜리 동전을 배꼽 아래 단전에 대는 것을 권하며 영국 해군은 비스킷을 억지로 씹어 먹기를 권한다. 나 개인으로는 2가지 방법 다 해본 적은 없지만, 멀미가 심하다면 해볼 만하다고 생각한다(멀미를 참겠다는 생각은 아예 하지 않는 게 좋다).

🚤 쇄빙선에서는 식대를 우리 돈이 아닌 미국 돈으로 받기 때문에 반드시 미국 돈을 준비해야 한다. 2010년 식대는 하루에 24불로, 식비 20불에 야식비가 4불이었다.

🚤 배에서는 칫솔과 미용과 화장품을 제외한 기본 생활용품을 지급해준다. 예를 들면, 치약과 비누와 수건은 배에서 준다. 물론 박테리아 살균력이 있는 특별한 비누를 쓴다면 그런 비누는 개인이 준비해야 할 것이다.

🚤 이 배를 타고 북극이든 남극이든 극지를 가려는 분들은 배에 커튼이 있기는 하지만 안대를 준비할 필요가 있다. 극지의 여름은 낮이 너무 길어 편히 잠을 자려면 방이 어두워야 하기 때문이다. 아주 밝은 해는 커튼으로도 막기 어렵다.

🚤 극지의 바다에서는 얼음에 햇빛이 반사되면 눈이 부시니 선글라스가 꼭 있어야 한다. 또 새나 고래 같은 동물들을 관찰하려면 대물렌즈가 큰 쌍안경이 있으면 좋다. 예를 들어, 쌍안경에 쓰인 숫자 10×45에서 10은 배율이고 45는 밀리미

터로 된 대물렌즈의 지름이다. 위의 경우 배율이 10배이므로 1,000m가량 떨어진 물체가 100m 떨어진 것처럼 확대된다. 그러나 배율이 클수록 상이 어두워지며, 보통 10배를 넘으면 손이 흔들리면서 보려는 물체가 너무 흔들려 쌍안경을 손으로 들고 보기도 힘들어진다. 대물렌즈가 클수록 새나 야구공처럼 빨리 날아가는 물체를 따라가기 쉽다. 이 밖에도 배에는 면세점이 있어 맥주와 소주는 살 수 있지만, 위스키나 코냑 같은 술은 배를 타기 전에 미리 주문해야 한다. 담배도 미리 주문하거나 본인이 준비해야 한다. 주문한 술이나 담배는 면세품이라 시중에 견주어 아주 싸며, 물품은 배에서 찾을 수 있다.

방이 상당히 건조하니 방의 습도를 높여야 하는 것도 잊지 말아야 한다. 습도를 높이는 방법으로는 자기 전에 젖은 옷이나 수건을 널어놓는 것이 좋은 방법 중 하나이다. 또한 배가 흔들릴 때는 닫히는 문에 손가락이 낄 수 있으니 될 수 있는 한 문기둥을 잡지 않는 것이 좋다.

마지막으로, 갑판으로 나갈 때는 반드시 안전모를 쓰고 안전화를 신어야 한다. 배에는 방과 복도를 나서면 위험한 물체와 장소가 곳곳에 있기 때문이다. 이 밖에 궁금한 것이 더 있다면 언제든 이메일(skchang@kopri.re.kr)로 문의하면 아는 데까지 성실하게 답변하겠다고 약속한다.

우리나라 최초의 쇄빙선
북극 척치 해를 가다

2011년 6월 11일 초판 1쇄 발행
지은이 장순근

펴낸이 이원중 책임편집 김재희 디자인 북포레
출력 경운출력 인쇄 · 제본 상지사
펴낸곳 지성사 출판등록일 1993년 12월 9일 등록번호 제10 − 916호
주소 (121 − 829) 서울시 마포구 상수동 337 − 4   전화 (02) 335 − 5494~5   팩스 (02) 335 − 5496
홈페이지 www.jisungsa.co.kr 블로그 blog.naver.com / jisungsabook
이메일 jisungsa@hanmail.net
주간 김명희 편집팀 김찬 디자인팀 정애경

ⓒ 장순근 2011

ISBN 978 - 89 - 7889 - 238 - 4 (03440)
잘못된 책은 바꾸어드립니다. 책값은 뒤표지에 있습니다.

이 도서의 국립중앙도서관 출판시도서목록(CIP)은 e-CIP 홈페이지(http://www.nl.go.kr/ecip)에서 이용하실 수 있습니다.
(CIP제어번호: CIP2011002233)